普通高等教育电气类规划教材

FPGA
数字系统设计与应用

● 郭明良　主　编
● 常国祥　王　欢　副主编

化学工业出版社

·北京·

图书在版编目（CIP）数据

FPGA 数字系统设计与应用/郭明良主编. —北京：
化学工业出版社，2017.8
普通高等教育电气类规划教材
ISBN 978-7-122-29843-0

Ⅰ.①F… Ⅱ.①郭… Ⅲ.①可编程序逻辑器件-
系统设计-高等学校-教材 Ⅳ.①TP332.1

中国版本图书馆 CIP 数据核字（2017）第 126401 号

责任编辑：高墨荣　　　　　　　　　　　　文字编辑：孙凤英
责任校对：宋　玮　　　　　　　　　　　　装帧设计：刘丽华

出版发行：化学工业出版社（北京市东城区青年湖南街 13 号　邮政编码 100011）
印　　装：三河市延风印装有限公司
787mm×1092mm　1/16　印张 11¾　字数 284 千字　2017 年 9 月北京第 1 版第 1 次印刷

购书咨询：010-64518888（传真：010-64519686）　售后服务：010-64518899
网　　址：http://www.cip.com.cn
凡购买本书，如有缺损质量问题，本社销售中心负责调换。

定　　价：39.00 元　　　　　　　　　　　　　　　　　　　　　版权所有　违者必究

前言
FOREWORD

近年来,随着电子技术、计算机应用技术和 EDA 技术的不断发展,利用 FPGA/CPLD 进行数字系统的开发已被广泛应用于交通运输、航空航天、精密仪器、医疗电子、工业控制等各领域。FPGA/CPLD 具有功能强大、开发周期短以及产品集成度高、易于修改等特点,并且 FPGA/CPLD 本身发展非常迅速,高密度、高性能、低成本的 FPGA 器件推陈出新,也促进了 FPGA/CPLD 成为当今硬件设计的首选方式之一。熟练掌握 FPGA/CPLD 设计技术已经是电子设计工程师的基本要求。

VHDL 语言作为国际标准的硬件描述语言,已经成为工程技术人员和高校学生的必备技能。本书例子中的文本编辑均采用 VHDL 语言编写,书中所有实例都已通过仿真和硬件测试。

全书根据 EDA 应用技术,特别是结合 FPGA 应用领域包含的主要内容编写,并以实例的形式介绍了 Altera 公司推出的 Quartus Ⅱ 13.1 设计平台以及 Modelsim 10.0c 仿真平台。本书由浅入深,先介绍 FPGA 设计流程,然后介绍开发平台、仿真平台、VHDL 语言,最后讲解了典型的应用实例。

本书分 7 章,其中第 1 章介绍了什么是 FPGA,FPGA 设计的环境,设计流程,所使用的语言等;第 2 章介绍了 FPGA 的开发平台,主要讲解 Altera 的 Quartus Ⅱ 13.1,本章图文并茂,以简单的实例为主,重点讲述使用软件的完整开发流程,包括输入、编译、仿真以及下载;第 3 章介绍了 Modelsim 10.0c 仿真平台,介绍了使用 Modelsim 10.0c 进行功能仿真与时序仿真,学完本章即可完成基本的仿真,Modelsim 功能十分强大,由于篇幅的限制,不做进一步讲解;第 4 章介绍了 VHDL 的语言基础,以简单的实例说明 VHDL 程序的基本组成;第 5 章介绍了 VHDL 的数据类型与运算操作符,为后续程序奠定基础;第 6 章介绍了 VHDL 的主要描述语句;第 7 章是实例,详细介绍了如何利用 FPGA 进行程序设计,既有设计原理,也有程序说明,并在最后给出仿真结果。

本书是编者在 FPGA 学习和实践中的经验点滴,书中既有日常的学习笔记,对一些常用设计技巧和方法进行深入探讨,也有很多生动的实例,这些实例大都是以特定的工程项目为依托,具有一定的借鉴价值,还有多个完整的项目工程实例,让读者从系统角度理解 FPGA 的开发流程。

本书从工程实践出发，旨在引领读者学会如何在 FPGA 的开发设计过程中发现问题、分析问题并解决问题。本书所有程序都是测试过的，读者如果需要可发电子邮件至 yj74615@163.com 联系索取相应资料。

本书可用作高等院校计算机专业本、专科生的教材或教学参考书，也可以作为电子技术课程设计、电子设计大赛或数字系统设计工程技术人员学习 EDA 技术的参考书。

本书由郭明良任主编，常国祥、王欢任副主编，书中第 1 章、第 2 章、第 4 章、第 5 章由王欢编写；第 6 章以及第 7 章的 7.8~7.10 节由杨立新编写，第 7 章的示例 7.4~7.7 节、7.11 节由郭明良编写，第 3 章与第 7 章 7.1~7.3 节由常国祥编写，全书由常国祥主审。

由于水平有限，书中难免有不足之处，敬请读者批评指正。

编　者

目录 CONTENTS

第1章 概述 / 001

- 1.1 可编程逻辑器件 ………………………………………………………………………… 001
- 1.2 FPGA/CPLD 的软件开发工具 ……………………………………………………… 002
- 1.3 硬件描述语言 …………………………………………………………………………… 002
  - 1.3.1 AHDL 语言 ……………………………………………………………………… 002
  - 1.3.2 Verilog HDL 语言 ……………………………………………………………… 002
  - 1.3.3 VHDL 语言 ……………………………………………………………………… 003
- 1.4 FPGA/CPLD 的开发流程 …………………………………………………………… 003

第2章 Quartus II 集成开发环境 / 005

- 2.1 Quartus II 界面概况 …………………………………………………………………… 005
- 2.2 Quartus II 软件开发流程 …………………………………………………………… 006
  - 2.2.1 创建工程 ………………………………………………………………………… 006
  - 2.2.2 原理图输入方式 ………………………………………………………………… 008
  - 2.2.3 文本输入方式 …………………………………………………………………… 015
  - 2.2.4 波形仿真 ………………………………………………………………………… 017
  - 2.2.5 引脚分配 ………………………………………………………………………… 021
  - 2.2.6 编程下载 ………………………………………………………………………… 021
- 2.3 LPM 参数化宏功能模块 ……………………………………………………………… 024
  - 2.3.1 LPM 参数化宏功能模块定制管理器 ………………………………………… 024
  - 2.3.2 LPM 参数化宏功能模块的应用 ……………………………………………… 030

第3章 仿真 / 034

- 3.1 Modelsim 简介 ………………………………………………………………………… 034

3.2 安装 ··· 034
3.3 Modelsim 仿真方法 ··· 035
    3.3.1 前仿真 ··· 035
    3.3.2 后仿真 ··· 035
    3.3.3 Modelsim 仿真的基本步骤 ·· 036
    3.3.4 Modelsim 的运行方式 ·· 036
3.4 Modelsim 功能仿真 ··· 036
    3.4.1 建立仿真工程 ·· 038
    3.4.2 Altera 仿真库的编译与映射 ··· 039
    3.4.3 编译 HDL 源代码和 Testbench ··· 041
    3.4.4 启动仿真器并加载设计顶层 ··· 042
    3.4.5 打开观察窗口，添加信号 ·· 044
    3.4.6 执行仿真 ·· 045
3.5 Modelsim 时序仿真 ··· 046
    3.5.1 仿真路径设置 ·· 046
    3.5.2 Quartus Ⅱ仿真环境设置 ··· 047
    3.5.3 利用 Quartus Ⅱ编译源文件 ··· 048
    3.5.4 生成测试模板并编写测试程序 ·· 048
    3.5.5 执行仿真 ·· 051

第 4 章　VHDL 语言基础 / 054

4.1 VHDL 语言的特点 ·· 054
4.2 VHDL 语言的程序结构 ·· 055
4.3 VHDL 语言的库 ··· 055
4.4 VHDL 语言的程序包 ··· 057
4.5 VHDL 语言的实体 ·· 058
    4.5.1 实体说明 ·· 058
    4.5.2 实体的类属说明 ·· 058
    4.5.3 实体的端口说明 ·· 059
4.6 VHDL 语言的结构体 ··· 060
4.7 VHDL 语言的配置 ·· 062

第 5 章　VHDL 数据类型与运算操作符 / 065

5.1 VHDL 的基本语法规则 ·· 065

5.2 VHDL 语言的数据对象 ·· 066
5.2.1 常量（CONSTANT） ·· 066
5.2.2 变量（VARIABLE） ·· 066
5.2.3 信号（SIGNAL） ··· 067
5.2.4 文件（FILES） ··· 068
5.3 VHDL 语言的数据类型 ·· 068
5.3.1 预定义的数据类型 ·· 068
5.3.2 用户自定义数据类型 ·· 071
5.3.3 数据类型的转换 ·· 073
5.4 VHDL 语言的操作符 ·· 075
5.4.1 逻辑操作符 ·· 076
5.4.2 算术操作符 ·· 076
5.4.3 关系操作符 ·· 077

第 6 章 VHDL 的主要描述语句 / 079

6.1 顺序描述语句 ·· 079
6.1.1 变量赋值语句 ·· 079
6.1.2 信号赋值语句 ·· 080
6.1.3 WAIT 语句 ·· 080
6.1.4 IF 语句 ··· 082
6.1.5 CASE 语句 ·· 085
6.1.6 NULL 语句 ··· 087
6.1.7 断言(ASSERT)语句 ··· 087
6.1.8 LOOP 语句 ··· 088
6.1.9 NEXT 语句 ··· 090
6.1.10 EXIT 语句 ··· 091
6.2 并发描述语句 ·· 092
6.2.1 进程语句 ·· 092
6.2.2 并发信号赋值语句 ·· 093
6.2.3 并发过程调用语句 ·· 095
6.2.4 块（BLOCK）语句 ··· 097
6.2.5 元件例化语句 ·· 098
6.2.6 生成语句 ·· 100
6.3 属性描述与定义语句 ·· 102

第7章　应用实例 / 111

7.1　自动邮票售票机设计 ··· 111
7.1.1　自动邮票售票系统总体模块图的设计 ··· 111
7.1.2　票价设定模块的设计 ·· 112
7.1.3　邮票类型选择模块的设计 ·· 113
7.1.4　点阵票型显示模块的设计 ·· 116
7.1.5　邮票类型选择与票价设定模块的设计 ·· 120
7.1.6　邮票数量设定模块的设计 ·· 121
7.1.7　邮票购买模块的设计 ·· 123
7.1.8　数据转换模块的设计 ·· 126
7.1.9　动态扫描模块的设计 ·· 127
7.1.10　数码管显示模块的设计 ··· 128
7.1.11　综合设计 ·· 129
7.2　交通灯控制系统的设计 ··· 130
7.2.1　交通灯控制系统模块图 ··· 130
7.2.2　控制模块设计 ··· 130
7.2.3　显示模块设计 ··· 135
7.2.4　综合设计 ··· 139
7.3　八路抢答器的设计 ·· 140
7.3.1　主持人控制模块 ·· 141
7.3.2　抢答信号锁存模块 ··· 142
7.3.3　倒计时模块 ·· 144
7.3.4　二进制编码转BCD码模块 ··· 146
7.3.5　扫描信号产生模块 ··· 147
7.3.6　数码管位信号与段信号匹配模块 ·· 147
7.3.7　BCD码转七段码模块 ··· 148
7.3.8　报警模块 ··· 149
7.3.9　综合设计 ··· 150
7.4　数字频率计VHDL程序与仿真 ·· 151
7.5　乐曲硬件演奏电路设计 ··· 155
7.5.1　顶层设计 ··· 156
7.5.2　音调产生模块 ··· 157
7.5.3　音调查询 ··· 158
7.5.4　节拍和音符数据发生器模块 ··· 159

  7.5.5 "梁祝"乐曲演奏数据 160
7.6 数控分频器的设计 161
7.7 状态机 A/D 采样控制电路实现 162
7.8 比较器和 D/A 器件 164
7.9 ASK 调制解调 VHDL 程序及仿真 165
  7.9.1 ASK 调制 VHDL 程序及仿真 165
  7.9.2 ASK 解调 VHDL 程序及仿真 166
7.10 FSK 调制与解调 VHDL 程序及仿真 167
  7.10.1 FSK 调制 VHDL 程序及仿真 167
  7.10.2 FSK 解调方框图及电路符号 168
  7.10.3 FSK 解调 VHDL 程序及仿真 169
7.11 多功能波形发生器 VHDL 程序与仿真 171

参考文献 / 178

第1章
概述

随着电子技术、芯片集成技术、计算机及其软件技术的飞速发展,现场可编程逻辑门阵列 FPGA 和复杂可编程逻辑器件 CPLD 在电子设计领域的应用越来越广泛。它们以其高集成度、高速度和高可靠性及其延时可小至纳秒级的特点,并结合其并行工作方式,在超高速领域和实时测控方面有着非常广阔的应用前景。

1.1 可编程逻辑器件

可编程逻辑器件(Programmable Logic Device,PLD)是一种通过用户编程来实现某种逻辑功能的新型逻辑器件,经过近几十年的发展,可编程逻辑器件已经从最初简单的 PLA、PAL、GAL 发展到了目前应用广泛的 CPLD(Comlex Programmable Logic Device,复杂的可编程逻辑器件),FPGA(Field Programmable Gate Array)。

FPGA 采用互补金属氧化物半导体工艺制成,是一种基于查找表的可编程逻辑器件,在结构上主要分为可编程逻辑单元、可编程输入/输出单元和可编程连线三部分。FPGA 内部阵列块之间采用分段式进行互连,结构比较灵活,但是延时不可预测,比较适合于触发器多的逻辑相对简单的数据型系统。FPGA 保存逻辑功能的物理结构多为 SRAM 型,即掉电后将丢失原有的逻辑信息,所以在使用中需要为 FPGA 芯片配置一个专用 ROM,将设计好的逻辑信息烧录到此配置芯片中。系统上电时,FPGA 就能自动从配置的芯片中读取逻辑信息。FPGA 可实时地对外围或内置的 RAM 或 ROM 编程,实时配置器件功能,可进行现场编程或在线配置。

CPLD 是一种基于乘积项的可编程逻辑器件,主要由可编程逻辑宏单元、可编程输入/输出单元和可编程内部连线组成。CPLD 内部采用固定长度的线进行各逻辑块的互连,因此引脚和引脚的延迟时间几乎是固定的,与逻辑设计无关,设计调试比较简单,毛刺比较容易处理,性价比较高。CPLD 具有很宽的输入结构,适合逻辑复杂、输入变量多、对触发器的需求量相对较少的逻辑型系统。CPLD 结构大多为 EEPROM 或 Flash ROM 形式,具有编程后即可固定下载的逻辑功能,掉电不丢失原有的信息。

高集成度、高速度和高可靠性是 FPGA/CPLD 最显著的特点,其时钟延时可小至纳秒数量级;结合其并行工作方式,在超高速领域和实时测控方面有着广阔的应用前景。FPGA/CPLD 的集成规模非常大,可利用先进的 EDA 工具进行电子系统设计和产品开发。由于开发工具的通用性、设计语言的标准化及设计过程几乎与所用器件的硬件结构没有关系,因而设计开发成功的各类逻辑功能块软件有很好的兼容性和可移植性。它几乎可用于任何型号和规模的 FPGA/CPLD,从而使得产品设计效率大幅度提高。

国际上生产 FPGA/CPLD 的主流公司并在国内市场占有较大份额的是 Xilinx、Altera、

Lattice 三家公司。典型的 FPGA 产品有：Lattice 公司的 MachXO、ispXPGA、EC/ECP、ECP2/M、ECP3、FPSC 等系列；Altera 公司的 MAX Ⅱ、STRATIX、ACEX1K 等系列；Xilinx 公司的 XC3000、XC4000、Spartan-6、Virtex-6 等系列。典型的 CPLD 产品有：Lattice 公司的 ispMACH4A5、ispMACH4000、ispXPLD5000 等系列；Altera 公司的 MAX3000A、MAX7000 等系列；Xilinx 公司的 CoolRunner-Ⅱ、CoolRunnerXPLA3、XC9500/XL/XV 等系列。

对于一个开发项目，究竟是选择 FPGA 还是 CPLD，主要取决于开发项目本身的需要。对于大规模的 ASIC 设计或单片机系统设计，则多采用 FPGA，而普通规模且产量不是很大的项目，通常使用 CPLD。

1.2　FPGA/CPLD 的软件开发工具

目前，比较流行的、主流厂家的开发环境有 Altera 公司的 Quartus Ⅱ、Xilinx 公司的 ISE/ISE-WebPACK series 及 Lattice 公司的 ispLEVER，这些软件的基本功能相同，主要的区别是面向的目标器件不一样，性能各有优劣。这些集成开发软件给 FPGA 带来了方便，同时为第三方 EDA 工具提供了接口。

常用的 FPGA/CPLD 开发工具大致包含设计输入编辑器、HDL 综合器、仿真器、适配器、下载编程等模块。Quartus Ⅱ 开发环境软件是 Altera 公司在 21 世纪初推出的第四代 FPGA/CPLD 开发环境，它支持原理图、VHDL 和 Verilog 语言文本文件，以及以波形与 EDIF 等格式文件作为设计输入，并支持这些文件的任意混合设计。它具有门级仿真器，可以进行功能仿真和时序仿真，能够产生精确的仿真结果。适配之后所生成的供时序仿真用的 EDIF、VHDL 和 Verilog 这三种不同格式的网表文件界面友好、使用便捷并支持第三方 EDA 工具。Quartus Ⅱ 提供了完整的多平台设计环境，可满足各种特定设计需要，同时集成了单芯片可编程 SoPC 开发环境，支持层次化设计等，为用户提供了优越的性能与无法比拟的系统级设计效率，缩短了产品开发周期，降低了开发成本，深受广大用户的欢迎。

1.3　硬件描述语言

硬件描述语言（HDL）是一种国际上流行的描述数字电路和系统的语言，可以在 EDA 工具的支持下，快速实现设计者的意图。在实际应用中最常见的 HDL 语言有 AHDL、Verilog HDL 和 VHDL 三种。

1.3.1　AHDL 语言

AHDL 语言是 Altera 公司发明的 HDL 语言，其优点是易学易用，学过高级语言的人可以在很短的时间内掌握，但缺点是其移植性不好，一般只用于 Altera 公司自己的开发系统。

1.3.2　Verilog HDL 语言

Verilog HDL 语言是由 GDA（Gatewag Design Automation）公司的 Philiop R.Moorby 在 1983 年末首创的，最初只设计了一个仿真与验证工具，之后又陆续开发了相关的故障模拟与时序分析工具。1985 年 Moorby 推出商用仿真器 Verilog-XL，获得了巨大成功，从而使得 Verilog HDL 迅速得到推广应用。1989 年 Cadence 公司收购了 GDA 公司，Verilog HDL

成为了该公司的独家专利。1990年，Cadence公司公开发表了Verilog HDL，成立OVI（Open Verilog International）组织，并推动了Verilog HDL的发展。IEEE于1995年制定了Verilog HDL的IEEE标准，即Verilog HDL1364—1995，2001年发布了Verilog HDL1364—2001。

1.3.3 VHDL语言

VHDL（Very-High-Speed Integrated Circuit Hardware Description Language）是在ADA语言基础上发展起来的硬件描述语言，起源于美国政府于1980年开始启动的超高速集成电路计划，根据集成电路结构和功能描述需要，于1983年由美国国防部发起创建，并于1987年成为IEEE标准即IEEE std 1076—1987，后来又进行一些修改，称为新的标准版本，即IEEE std 1076—1993。

VHDL作为一种通用的硬件描述语言，支持结构化和自顶向下的设计方法，有助于设计的模块化；可以支持各种不同类型的数字电路和系统设计；既支持传输延时也支持惯性延时，不仅可以很好地描述系统和电路的逻辑功能，也可以真实地反映系统和电路的时间特性；具有多层次描述和仿真系统硬件功能的能力，可以从系统级到门级电路不同层次对数字进行建模和描述且不同的描述可混合使用，简化硬件设计任务，提高设计效率和可靠性，缩短产品开发周期；可以从一个模拟工具移植到另一个模拟工具，从一个综合工具移植到另一个综合工具，从一个工作平台移植到另一个工作平台上执行；采用VHDL描述硬件电路时，设计者不需要了解器件内部结构，也与器件内部结构无关，使得VHDL设计程序的硬件实现目标器件有广阔的选择范围。

目前，VHDL成为硬件描述语言标准之一，得到了众多的FPGA/CPLD开发平台的支持，广泛应用于电子工程设计领域。

1.4 FPGA/CPLD的开发流程

一般来说，使用VHDL语言进行数字系统的开发要和具体的集成开发环境结合起来，VHDL语言的设计文件程序需要依靠集成开发环境转换为实际可用的电路网表，最后生成用于IC生产的版图，或者由适配软件用此网表对FPGA/CPLD进行布线。采用FPGA/CPLD开发工具进行硬件电路设计大多采用自顶向下的设计方法，即从系统总体要求出发，自顶向下将系统逐步分解为各个子系统和模块，直到整个系统中各子系统关系合理，便于逻辑级的设计和实现为止。

FPGA/CPLD开发流程主要包括设计准备、设计输入、综合、仿真、适配、下载及硬件测试等步骤。

（1）设计准备

系统设计之前，首先要进行方案论证、系统设计和芯片选择等设计准备工作。设计者首先根据任务要求，如系统完成的功能及复杂程度，对工作速度和器件本身的资源、成本及连线的可行性等方面进行权衡，选择合适的设计方案和合适的器件类型，通常采用自顶向下的设计方法。

（2）设计输入

设计输入常用的方法是硬件描述语言和原理图输入方式，硬件描述语言是用文本方式设计输入，分为普通硬件描述语言和行为描述语言。普通语言支持逻辑方程、真值表、状态机等简单的设计输入；行为描述语言是常用的高层硬件描述语言，主要有 VHDL 和 Verilog HDL 两个 IEEE 标准，这种方式具有很强的逻辑描述和仿真功能，输入效率高，不需对底层电路和 FPGA/CPLD 结构很熟悉。原理图输入方式是一种最直接的描述方式，使用 FPGA/CPLD 开发工具提供的元器件库及各种符号和连线画出原理图，形成原理图输入文件。这种输入方式容易实现仿真，便于信号的观察和电路的调整，但这种方式要求设计者有丰富的电路知识并对器件结构比较熟悉。

（3）功能仿真

用户所设计的电路必须在编译之前进行逻辑功能验证，即功能仿真，也叫前仿真，此时的仿真没有延时信息，对于初步的功能检测来说非常方便。仿真前需建立波形文件和测试向量，仿真结果会生成报告文件并输出仿真波形，从中可以观察到各节点的信号变化，发现错误，可返回设计输入中修改逻辑设计。

（4）逻辑综合和优化

在设计过程中，编译器对设计输入文件进行逻辑化简、综合优化，并适当地用一片或多片器件自动进行适配，最后产生编程用的编程文件。如果要把 VHDL 的软件设计与硬件的可实现性挂钩，需要利用 EDA 软件系统的综合器进行逻辑综合。而所谓的逻辑综合就是将电路的高级语言转换成版图表示，或转换到 FPGA/CPLD 的配置网表文件，有了版图信息就可以把芯片生产出来了。有了对应的配置文件，就可以使对应的 FPGA/CPLD 变成具有专门功能的电路器件。

（5）目标器件的布线/适配

逻辑综合通过后必须利用适配器将综合后的网表文件针对某一具体的目标器进行逻辑映射操作，其中包括底层器件配置、逻辑分割、逻辑优化、布线与操作，适配完成后可以利用适配所产生的仿真文件做精确的时序仿真。

适配器的功能是将由综合器产生的网表文件配置于指定的目标器件中，产生最终的下载文件，如 JEDEC 格式的文件。适配所选定的目标器件（FPGA/CPLD）必须属于原综合器指定的目标器件系列。通常，EDA 软件中的综合器可由专业的第三方 EDA 公司提供，而适配器则需由 FPGA/CPLD 供应商自己提供，因为适配器的适配对象直接与器件结构相对应。

（6）时序仿真

时序仿真也叫延时仿真，是在选择了具体器件并完成布局、布线后进行的时序关系仿真。由于不同器件的内部延时不一样，不同的布局布线方案也给延时造成不同的影响，因此适配后，对系统和各模块进行时序仿真，分析其时序关系，估计设计的性能及检查和消除竞争冒险等是非常有必要的。

（7）目标器件的编程/下载

时序仿真完成后，软件就可以产生供器件编程使用的数据文件，然后下载到对应的具体 FPGA/CPLD 芯片中去。

器件编程需要满足一定的条件，如编程电压、编程时序和编程算法等。普通的 CPLD 和一次性编程的 FPGA 需要专用的编程器完成器件的编程工作。基于 SRAM 的 FPGA 可以由 EPROM 或其他存储体进行配置。在线可编程器件则不需要专门的编程器，只需一根编程下载连接线即可。器件在编程完毕后，可以用编译时产生的文件对器件进行校验、加密等工作。对于具有边界扫描测试能力、支持 JTAG 技术及在线编程能力的器件来说，测试起来会更加方便。

第2章
Quartus Ⅱ 集成开发环境

Quartus Ⅱ 是 Altera 公司在 2001 年推出的第四代开发工具,是一个集成化的多平台设计环境,能够直接满足特定设计需要,在 FPGA 和 CPLD 设计各个阶段都提供了工具支持,并为可编程片上系统(SoPC)提供全面的设计环境,是一个系统级的高效的 EDA 设计工具。Quartus Ⅱ 集成开发环境包括设计输入、综合、布局/布线、时序分析、仿真和编程/配置等,具有功能强大、界面友好、易于掌握等特点。本章主要介绍 Quartus Ⅱ 集成开发环境的使用方法。

2.1 Quartus Ⅱ 界面概况

Quartus Ⅱ 由不同的窗口构成,本节结合 Quartus Ⅱ 13.1 版本软件的图形界面,介绍 Quartus Ⅱ 软件的应用开发环境。

在桌面上双击 Quartus Ⅱ 13.1 图标,启动 Quartus Ⅱ 13.1 应用程序,进入如图 2-1 所示的主界面。该界面主要由以下 5 部分构成:

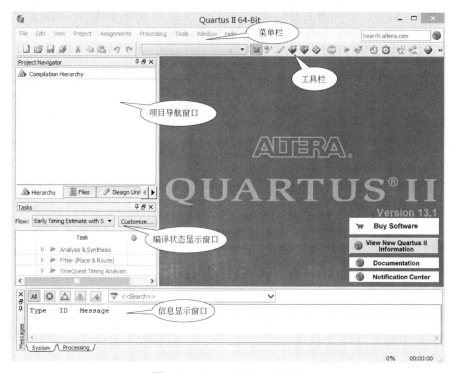

图 2-1　Quartus Ⅱ 13.1 主界面

（1）菜单栏

Quartus Ⅱ 的菜单栏是设计过程中所需要的功能命名，以完成相应的操作，主要包括文件菜单 File、编辑菜单 Edit、视图菜单 View、工程菜单 Project、工程配置菜单 Assignments、操作菜单 Processing、工具菜单 Tool 等。

（2）工具栏

工具栏中是常用命令的快捷图标，这些图标在菜单栏内可以找到相应的命令。

（3）项目导航窗口

该窗口由三个标签页构成，分别为层次体系标签页 Hierarchy、工程文件标签页 Files、设计单元标签页 Design Units，用户可以在该窗口管理工程项目，给工程项目添加、移除设计资源或者根据设计需要调整文件之间的层次关系。

（4）编译状态显示窗口

该窗口提示编译的过程步骤、编译进度及编译步骤所耗费的时间信息。

（5）信息显示窗口

该窗口实时提供系统信息、定时、警告及相关错误信息等。

2.2 Quartus Ⅱ 软件开发流程

2.2.1 创建工程

任何一项设计都是一个工程，在开始设计一个具体的项目之前，首先要建立一个工作文件夹，以便存储工程项目文件，此文件夹被 Quartus Ⅱ 软件默认为工作库。一般而言，不同的设计项目最好放在不同的文件夹中，而同一工程的所有文件都必须放在同一个文件夹中。

Quartus Ⅱ 为设计者提供了工程设计向导，向导可以提示用户完成工作文件夹设置、工程名设置、目标器件的指定、仿真器和综合器的选择等一系列工作，其具体的设计过程如下：

（1）打开建立新工程管理窗口

在菜单栏中，选择 File→New Project Wizard 命令，弹出如图 2-2 所示的对话框。从上到下依次指定工程目录、工程名及顶层文件名。工程目录存放工程项目所有文件的文件夹，默认路径为 D:/alter/13.1/quartus。为方便管理，一般另外设置文件夹来存放工程项目，单击后面的浏览按钮，选择新的文件夹，或直接输入工程目录的地址路径，如 D:/FPGA/shelen，这里要注意的是不能将硬盘的根目录作为工程目录，否则不能进行综合编译；第二项设置工程名，此工程名可以任取名字，一般用顶层文件实体名作为工程名；第三项是顶层文件的实体名，这里都用 shelen 来命名。

（2）将设计文件加入工程

单击 Next 按钮，弹出如图 2-3 所示的对话框，在该框中将与工程有关的所有 VHDL 文件加入此工程。将文件加入工程有两种方法：一种是单击 Add All 按钮，将设定的工程目录中的所有 VHDL 文件加入到工程文件栏中；另一种是单击 Add 按钮，从工程目录中选出相关的 VHDL 文件。由于是新建文件，所以此处不需要设置。

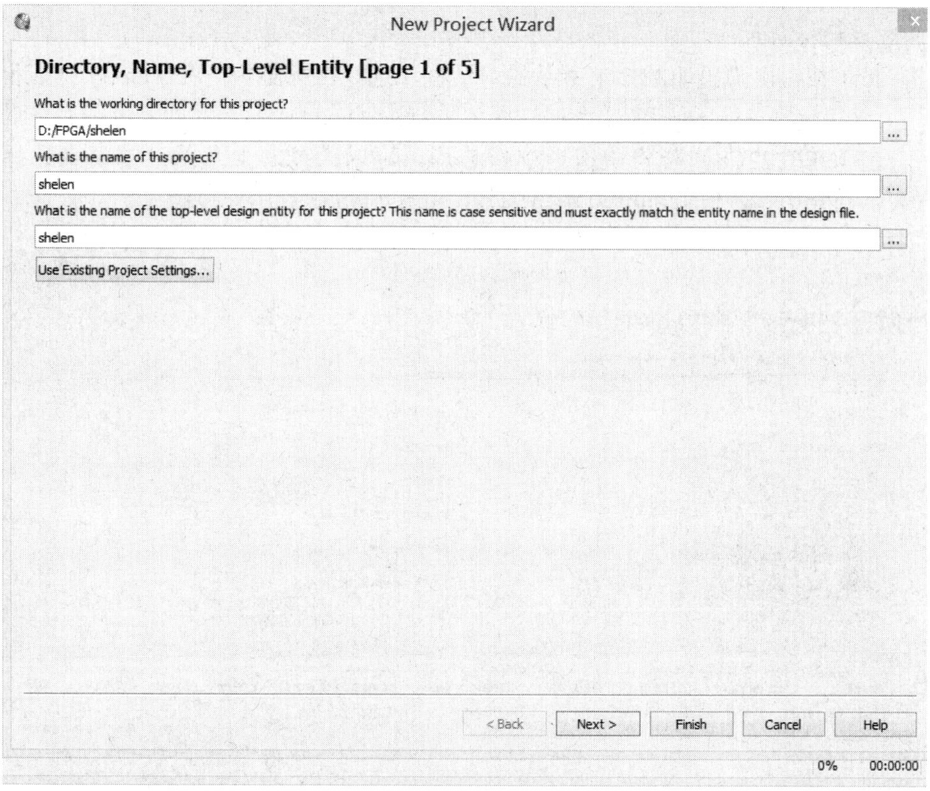

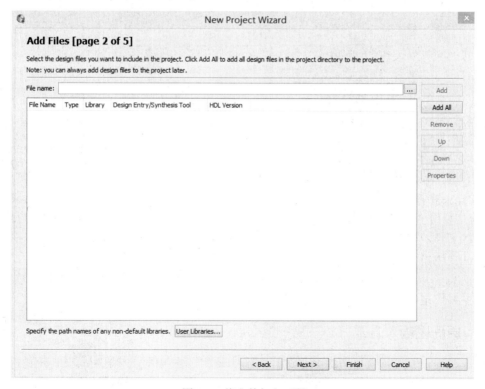

图 2-2 项目目录及名称

图 2-3 将文件加入工程

（3）选择目标芯片

单击 Next 按钮，弹出如图 2-4 所示的对话框，选择目标芯片。在 Family 列表框中选择芯片系列，这里选择 Cyclone Ⅳ E 系列。在 Available Devices 中选择此系列的具体芯片，这里选择了 EP4CE6E22C8。若想快速地选择芯片，可以通过右上角的过滤器来选择，其中 Package 表示封装类型，Pin count 表示引脚数，Speed grade 表示速度级别。

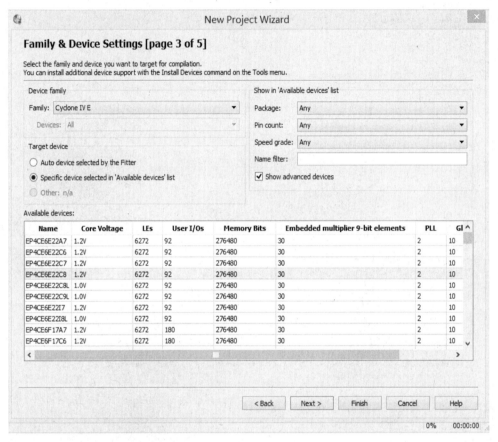

图 2-4　选择目标芯片

（4）选择综合器和仿真器类型

单击 Next 按钮，弹出如图 2-5 所示的 EDA 工具设置对话框，此对话框用于选择输入的 HDL 类型和综合工具、仿真工具及时序分析工具。它们是除 Quartus Ⅱ 自带所有设计工具之外的一些工具，若选择 None 选项，表示选择 Quartus Ⅱ 自带的仿真器和综合器。

（5）完成设置

单击 Next 按钮，弹出如图 2-6 所示的工程设置统计对话框，列出了工程相关的设置情况。若确认无误，单击 Finish 按钮，结束整个新建工程向导的设置。

2.2.2　原理图输入方式

完成工程设置后，就要考虑如何进行实际的设计，采用哪种方案完成设计工作，针对同一设计要求，可以采用不同的设计输入方式。Quartus Ⅱ 13.1 有两种设计输入方式，一种是文本设计输入方式，一种是原理图设计输入方式。原理图设计输入方式采用直接编辑电路原理

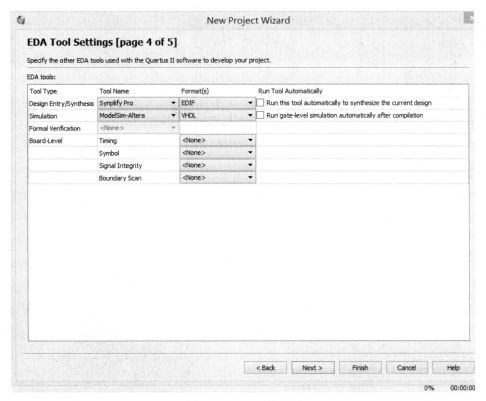

图 2-5　EDA 工具设置

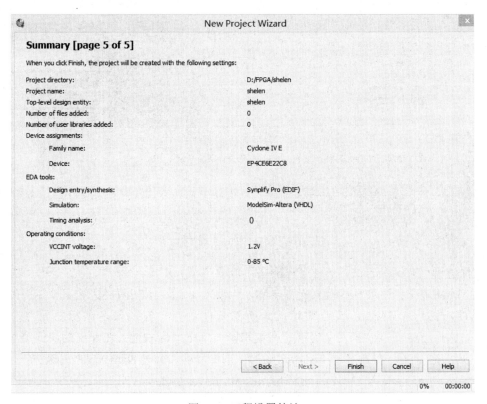

图 2-6　工程设置统计

图方式，按逻辑功能将设计中的各元器件及模块连接起来。原理图设计方式虽然效率比较低，但当系统对时间特性要求较高时，一般采用原理图设计方式。本节主要介绍原理图输入设计方式，其具体的设计步骤如下：

（1）新建工程项目

选择 File→New Project Wizard 命令，设置工程名和顶层文件实体名为 shelen，目标器件为 Cyclone Ⅳ E 系列的 EP4CE6E22C8。具体设计过程详见 2.2.1 节。

（2）新建原理图设计文件

单击 File→New 命令，弹出如图 2-7 所示的新建原理图对话框，选择 Block Diagram/Schematic File，建立一个空的原理图文件，如图 2-8 所示。图中带有网格线的区域即原理图绘图区，用户可在此区域调用器件进行原理图的绘制。

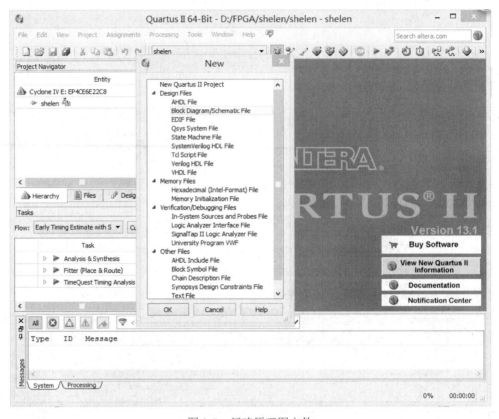

图 2-7　新建原理图文件

元件的调用有两种方法，一种是在网格区域双击鼠标左键，弹出如图 2-9 所示的对话框，在左边 Name 空白栏中可直接输入元件名称，如输入 and2，则在网格区域出现相应的两输入与门器件，然后单击 OK 按钮即可调入所需元件，若一次调入多个相同元件，可选择 Repeat-insert mode 选项。第二种方法是在编辑窗口单击鼠标右键，在弹出的快捷菜单中选择 Insert→Symbol 命令，弹出如图 2-9 所示的器件选择界面，单击 Name 下的浏览按钮，找到基本元件库路径为 D:/altera/13.1/quartus/libraries/primitives/logic 项，弹出如图 2-10 所示的界面，选择需要的元件，然后单击 OK 按钮，即可调入相应的元件。

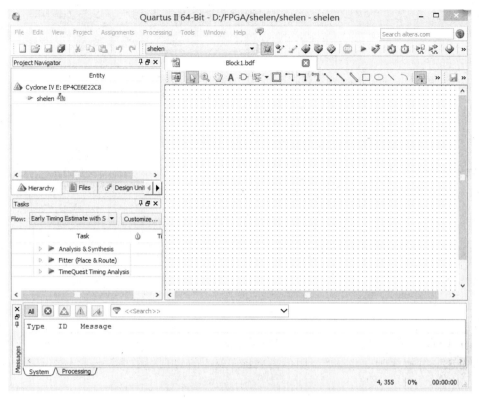

图 2-8 原理图编辑器界面

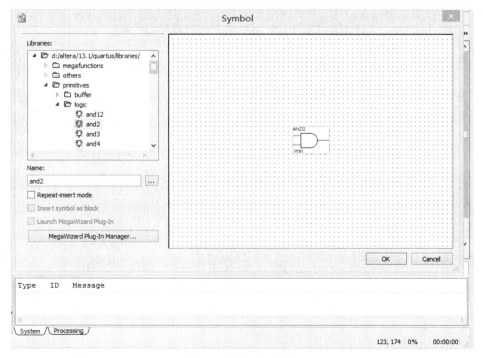

图 2-9 器件选择界面

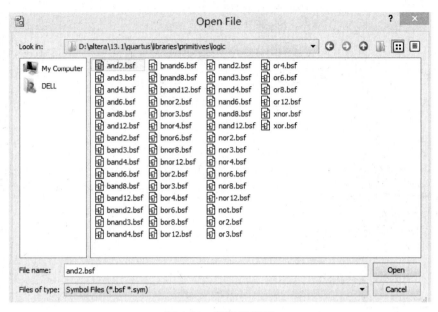

图 2-10 器件库界面

下面以两输入与门为例简要说明原理图输入方法。首先参考上述步骤调入元件 input、output、and2，并放置到合适位置，用单击鼠标左键并拖动鼠标的方法连接好电路，如图 2-11 所示。

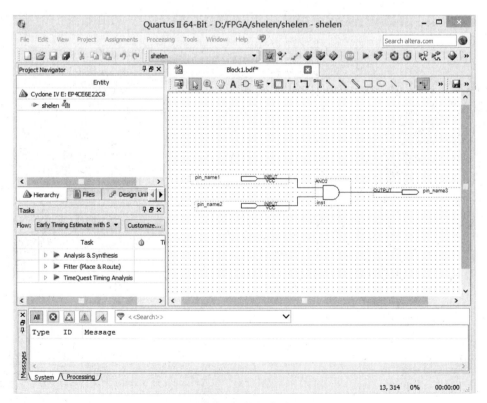

图 2-11 与门电路

选择元器件并双击 pin_name 引脚，修改各引脚名称，或直接双击元件后弹出如图 2-12 所示的对话框，在此对话框中的 General 标签页 Pin name（s）中分别输入各引脚名为 a、b、y。修改后如图 2-13 所示。

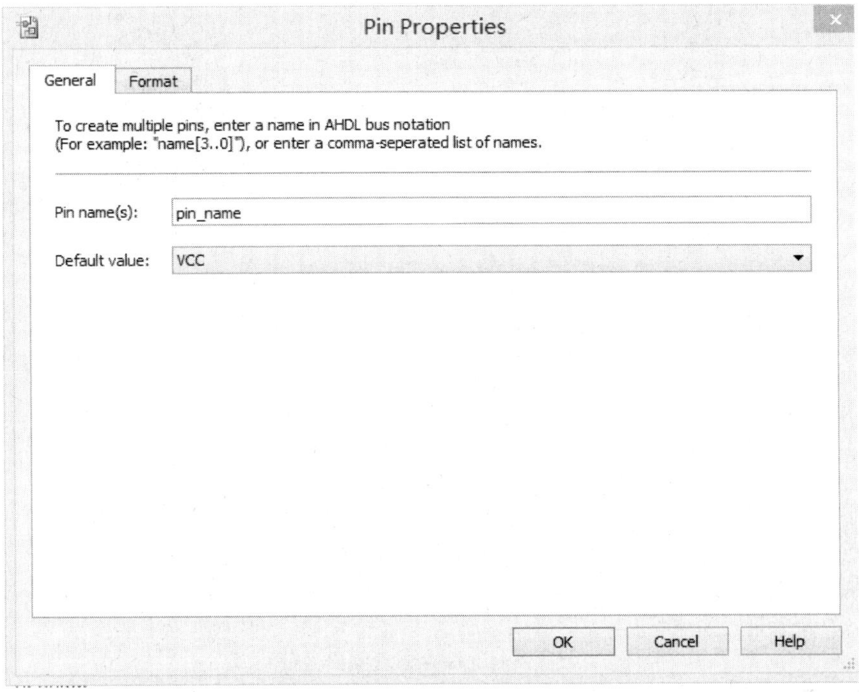

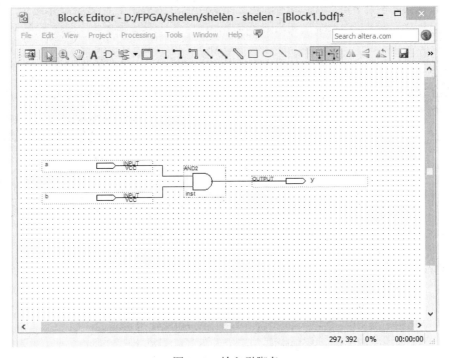

图 2-12　引脚属性对话框

图 2-13　输入引脚名

(3) 保存绘制的原理图并编译

选择菜单 File→Save as 命令，弹出如图 2-14 所示的对话框，另存文件为 shelen.bdf，单击保存按钮确定。这里需要注意的是，要把文件加入到刚建立的工程中去，要选中 Add file to current project 选项。

图 2-14　保存原理图文件

选择菜单 Processing→Start Compilation 命令进行编译。编译的过程中要注意工程管理框下方的 Processing 栏中的编译信息。如果工程文件中有错误，此栏就会显示出来，修改完并编译成功后将弹出如图 2-15 所示的编译完成窗口。

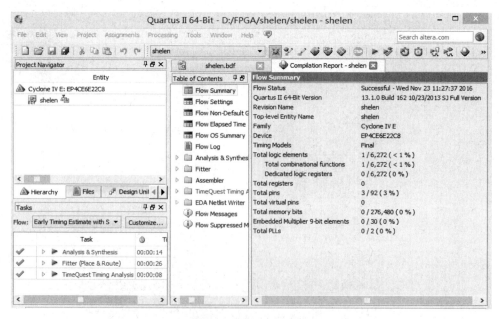

图 2-15　编译完成窗口

2.2.3 文本输入方式

Quartus Ⅱ 的文本编辑器是一个非常灵活的编辑工具，用于 AHDL、VHDL 和 Veriog 语言形式输入文本型设计。本节主要介绍如何使用 Quartus Ⅱ 软件进行文本编辑，其具体设计步骤如下：

（1）建立 shelen1 工程项目

其设计步骤与原理图设计步骤相同，如图 2-16 所示。

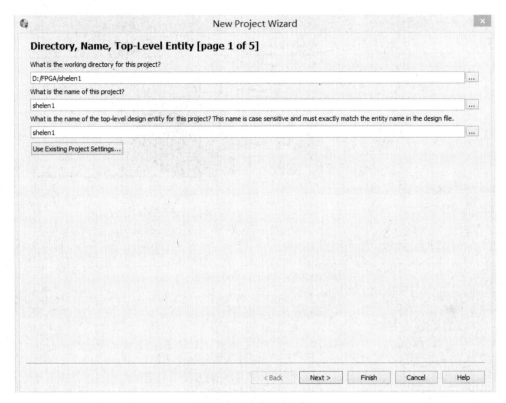

图 2-16　建立工程项目

（2）建立文本文件

选择 File→New 命令，弹出如图 2-17 所示的对话框，选择 VHDL File 选项。

（3）文本编辑

在图 2-17 中，点击 OK 按钮，弹出如图 2-18 所示的对话框，在该对话框的空白区域就可进行文本编辑。

（4）文件编译

在图 2-18 所示的对话框中输入完文件后，要进行文件编译，在选择菜单中选择 Processing→Start Complilation 命令，进行文件的全程编译。全程编译的过程包括了分析与综合、布局布线、编译及时序仿真四个环节，是一项综合命令。执行此命令后，便可生成各种配置文件，包括用于直接下载到目标器件的配置文件。若文件语法没有错误，各项配置没有问题，则可顺利通过，弹出如图 2-15 所示的对话框；若有语法错误或配置错误，则不能通过，显示信息窗口会出现错误提示。如需修改，在信息窗口找到错误提示后双击，界面跳到文件错误位置附近，纠正错误后保存编译，直至最后通过。

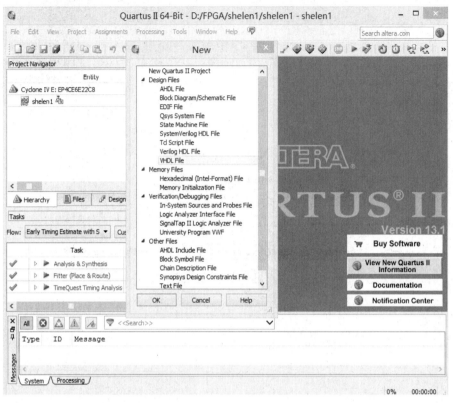

图 2-17　新建 VHDL 文件

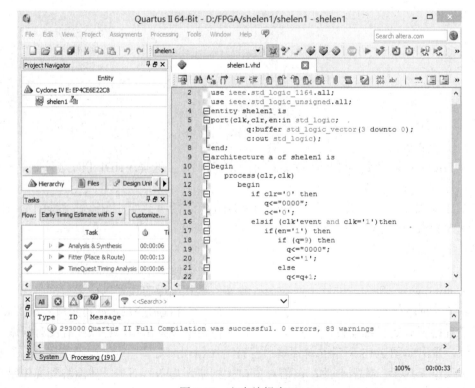

图 2-18　文本编辑窗口

这里要注意的是，当工程中只有一个文件时，默认为该文件为顶层文件，直接编译即可；当工程中有多个文件时，把要执行的文件设置为顶层文件。

2.2.4 波形仿真

在下载到目标器件之前，为了验证设计的逻辑功能和时序的正确性，可以借助 Quartus Ⅱ 自带的仿真工具或第三方仿真软件对设计进行时序仿真。本节以十进制计数器为例来介绍 Quartus Ⅱ 自带的波形编辑器进行时序仿真的方法，其具体步骤如下：

（1）新建波形编辑器

在菜单中选择 File→New 命令，选择 University Program VWF 选项，点击 OK 按钮，弹出如图 2-19 所示的对话框。

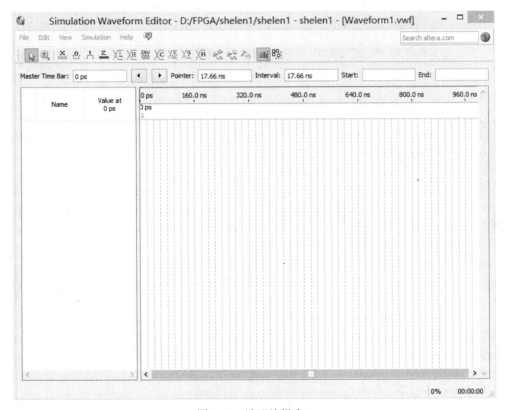

图 2-19 波形编辑窗口

（2）设置及保存波形编辑器

波形编辑器默认的仿真时间长度为 1μs，有时候该仿真长度不满足用户的要求，用户可以选择菜单 Edit→Set End Time 选项来设置，如图 2-20 所示，用户可以输入希望的仿真时间长度。考虑到时钟周期及元件处理时间等问题，需要为波形仿真设置合适的最小间隔时间。在菜单栏中，选择 Edit→Grid Size 命令，弹出如图 2-21 所示的对话框，默认的最小间隔为 10，单位为 ns，用户可以输入希望的最小时间间隔。参数设置完后，要保存文件，在菜单栏中，选择 File→Save 命令，弹出如图 2-22 所示的对话框，这里要注意的是波形文件的名称要与被仿真的文件名称一致。

图 2-20　仿真结束时间

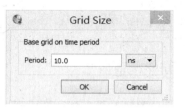
图 2-21　仿真最小时间间隔

图 2-22　波形文件保存

（3）在波形文件中加入输入、输出节点

在图 2-19 所示的波形编辑窗口，选择 Edit→Insert Node or Bus，弹出如图 2-23 所示的对话框。在该对话框中单击 Node Finder 按钮，则弹出如图 2-24 所示的对话框。单击 List 按钮，设计的输入输出信号将在 Nodes Found 栏下显示出来，从中选择需要仿真的信号加入 Selected Nodes 栏中，如果要加入全部波形节点，直接单击>>按钮。

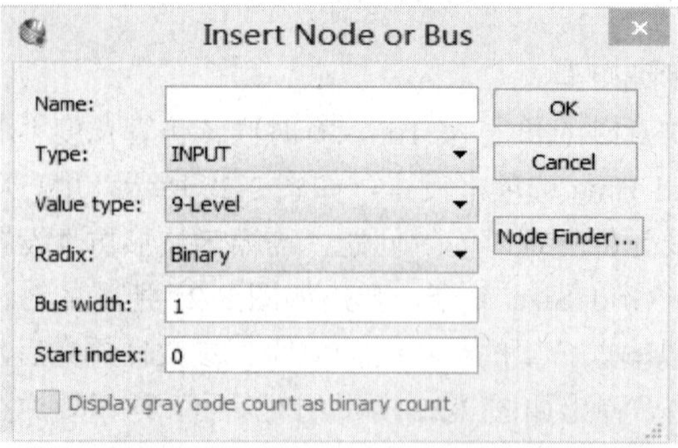

图 2-23　Insert Node or Bus 对话框

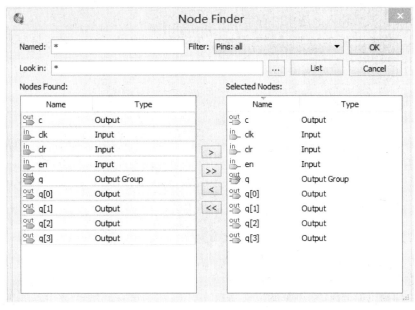

图 2-24　Node Finder 对话框

（4）编辑输入节点波形

加入波形节点后，单击 OK 按钮，弹出如图 2-25 所示的波形编辑窗口，在该窗口可以编辑不同的输入。这里 clk 为输入的时钟信号；clr 为清零信号；en 为高电平时允许计数，为低电平时禁止计数；c 为进位端，当低 4 位计数器计到 9 时向高 4 位进位。

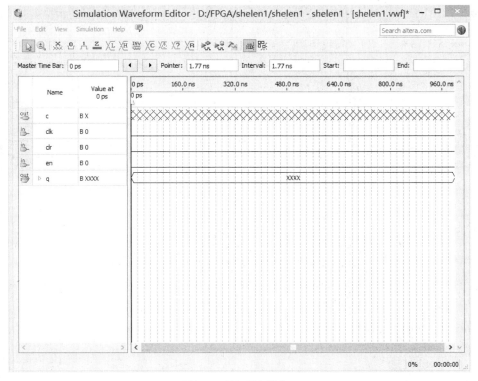

图 2-25　波形编辑窗口

① 时钟节点波形输入。选中时钟节点 clk，使之变为蓝色。在上面的工具栏中单击时钟设置按钮 ，将弹出图 2-26 所示的对话框，在该对话框中指定输入的时钟周期、相位和占空比，占空比默认为 50%。

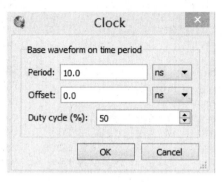

图 2-26　时钟输入对话框

② 任意信号波形的输入。在波形编辑区中，用拖动鼠标的方法选中需要编辑的区域，然后在工具栏中单击相应的按钮即可。例如要修改 clr 和 en，先选择信号，用鼠标在不同的地方把它们置成高电平或低电平，设置后其仿真结果如图 2-27 所示。图中显示的结果可以采用不同的形式，修改时先选中信号，单击右键→Radix，在显示的选项中选择你所期望的形式，本图中显示的是 Unsigned Decimal。

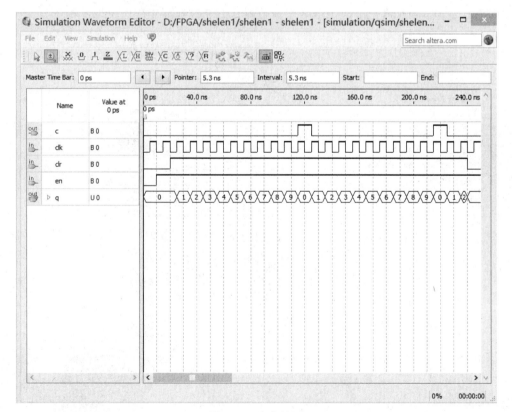

图 2-27　仿真结果

2.2.5 引脚分配

器件下载之前需要对输入、输出引脚指定具体器件引脚号,这个过程称为引脚锁定。假设打开的是 shelen1 工程文件,在菜单栏中选择 Assignments→Pin Planner 命令,弹出如图 2-28 所示的对话框,在相应引脚的 Location 位置处,输入引脚号后回车即可显示引脚号。如设定 clk 引脚,在该行的 Location 位置处输入引脚号 30 后回车,在该位置处显示引脚号为 PIN_30,该引脚设置完成。重复上述过程,可以依次设定其他信号的引脚。设定完所有信号的引脚后关闭对话框,再进行编译(Processing→Start Complilation),将引脚信息编译进下载文件中。

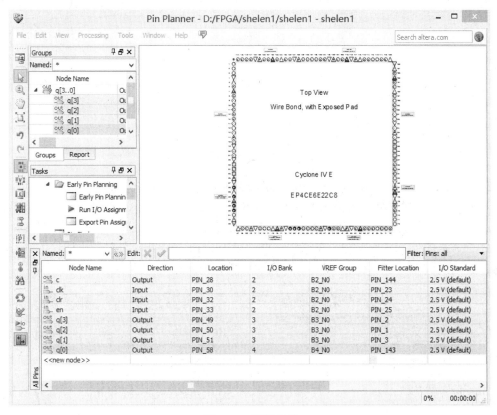

图 2-28 引脚分配

2.2.6 编程下载

经过引脚分配和再次编译后,Quartus Ⅱ 为该工程生成了两个重要的文件:SRAM 对象文件 sof 和编程对象文件 pof。

FPGA 的配置下载方式有主动配置(Active Serial)、被动配置(Passive Serial)和常用的 JTAG 配置方式。JTAG 是一种国际标准测试协议,大多数的 FPGA 器件都有 JTAG 接口,支持 JTAG 协议。为了将编译后的文件下载到 FPGA 中测试,首先将硬件连接好并上电,然后在菜单栏中选择 Tools→Progammer 命令,弹出如图 2-29 所示的对话框。在 Mode 栏中有 4 种编程模式可供选择,即 JTAG、Active Serial、Passive Serial 及 In-Socket Programming,这里选择 JTAG 模式。

图 2-29 编程窗口

在图 2-29 中,双击 Hardware Setup,弹出如图 2-30 所示的对话框,在 Currently selected hardware 中点击下拉菜单,选择 USB-Blaster[USB-0]选项后点击 Close 按钮(已事先安装好 USB)。在图 2-29 中,选择 Add File 命令,在弹出的对话框中双击 output_files 后选择 shelen.sof 后弹出如图 2-31 所示的对话框。在该对话框中单击 Start 按钮,即可对目标器件的硬件下载。Progress 中显示 100%(Successful)表示编程下载成功。

(a)

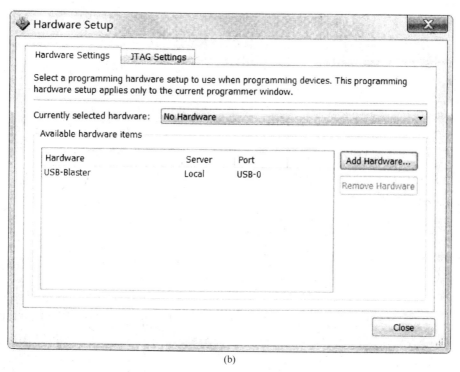

(b)

图 2-30　Hardware Setup 设置对话框

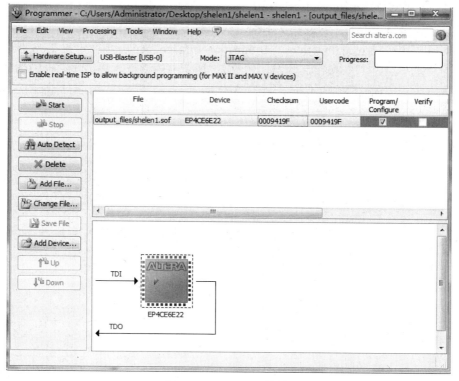

图 2-31　Add File 对话框

2.3 LPM 参数化宏功能模块

Quartus Ⅱ 为实现不同的逻辑功能提供了大量的基本单元符号和宏功能模块，设计者可以在原理图编辑器中直接调用，如基本逻辑单元、中规模器件及参数化模块（LPM）等。LPM 是参数化模块库（Library of Parameterize Modules）的英文缩写，这些以图形或硬件描述语言形式方便调用的宏功能模块（Megafunction），使得基于 EDA 技术的电子设计的效率和可靠性有了很大提高。设计者可以根据实际电路需要，选择 LPM 库中的适当模块，并为其设定适当的参数，以满足设计的要求，从而在设计的项目中十分方便地调用电子工程技术人员的优秀的硬件设计结果。

2.3.1 LPM 参数化宏功能模块定制管理器

Altera LPM 宏功能模块是一些复杂或高级的构建模块，可以在 Quartus Ⅱ 设计文件中与门、触发器等基本单元一起使用，这些模块的功能一般都是通用的，如 Counter、FIFO、RAM/ROM 等。宏功能模块定制管理器（Mega Wizard Plug-In Manager）可以帮助用户建立或修改包含自定义宏功能模块变量的设计文件，可以在设计文件中对这些文件实例化。这些自定义宏功能模块变量基于 Altera 提供的宏功能模块，包括 LPM、MegaCore 和 AMPP 函数。Mega Wizard Plug-In Manager 运行一个向导，可帮助用户轻松地为自定义宏功能模块变量指定选项，为参数和可选端口设置数值。宏功能模块定制管理器可以通过原理图设计文件的 Symbol 对话框打开，或者通过 Tools→Mega Wizard Plug-In Manager 命令打开，下面分别介绍这两种不同的打开方式。

① 通过 Symbol 对话框打开。在文本编辑区域双击鼠标左键，弹出如图 2-32 所示的对话框。在该对话框中选择 megafunctions→arithmetic→lpm_counter，弹出如图 2-33 所示的对话框。在此对话框中点击 OK 按钮后弹出如图 2-34 所示的对话框，在该对话框中选择 VHDL 语言和输入文件存放的路径和文件名，然后单击 Next 按钮，弹出如图 2-35 所示的对话框。

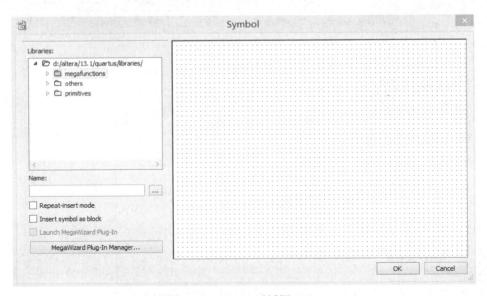

图 2-32 Symbol 对话框（1）

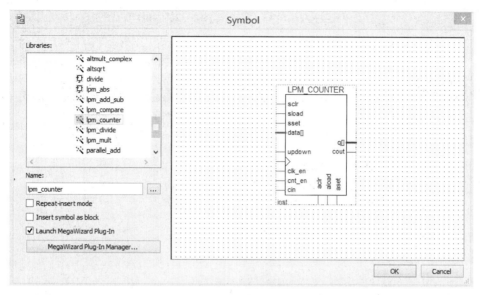

图 2-33　Symbol 对话框（2）

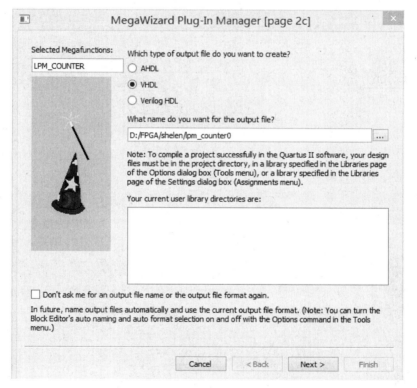

图 2-34　VHDL 语言及路径选择对话框（1）

② 通过 Tools→Mega Wizard Plug-In Manager 命令打开。在菜单栏中选择 Tools→Mega Wizard Plug-In Manager 命令，弹出如图 2-36 所示的对话框，选择 Create a new custom megafunction variation 选项后单击 Next 按钮，弹出如图 2-37 所示的对话框。在此框中，选择 megafunctions→arithmetic→LPM_CONTER、VHDL 语言、文件存放的路径和文件名，然后单击 Next 按钮，弹出如图 2-35 所示的对话框。

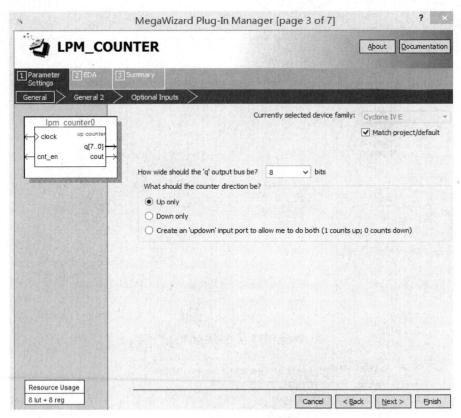

图 2-35　计数输出值和计数方向设定

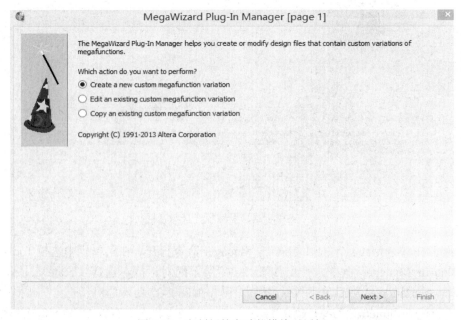

图 2-36　定制新的宏功能模块对话框

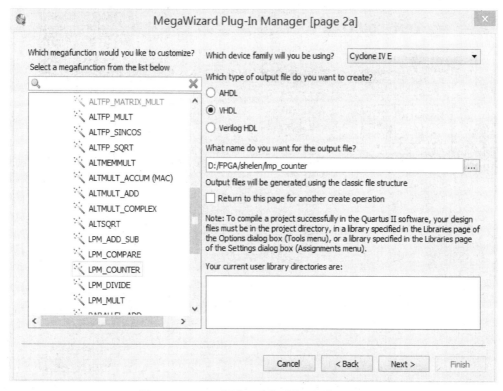

图 2-37　VHDL 语言及路径选择对话框（2）

在图 2-35 所示的对话框中，按照系统提示可以进行宏功能模块的设置，其设计步骤如下：

① 设置器件的系列、计数输出值的位数和计数的方向。在右上角的 Currently selected device family 中选择器件的系列，为了和前面的设置一致，这里选择 Cyclone Ⅳ E 系列；在中间的选项中，可以设置输出位数，这里选择输出位数为 8 位；最后设置计数方向，这里选择计数方向向上。

② 计数系数、使能及进位设定。单击 Next 按钮，弹出如图 2-38 所示的对话框，在该对话框中有两个选项，第一选项选择计数类型、计数系数，这里选择 Plain binary，系数为 0；第二个选项选择附加端口，这里选择 Count Enable 和 Carry-out，需要注意的是 Count Enable 为计数使能信号，加载信号不受它的控制。

③ 输入方式设定。单击 Next 按钮，弹出如图 2-39 所示的对话框，在该对话框中可设定同步（Synchronous inputs）方式和异步（Asynchronous inputs）输入方式，这里选择同步输入方式中的 Clear 选项。

④ 单击 Next 按钮，弹出如图 2-40 所示的对话框，该对话框显示仿真库的基本信息；继续单击 Next 按钮，弹出如图 2-41 所示的对话框，该对话框用于选择输出元件的输出文件。

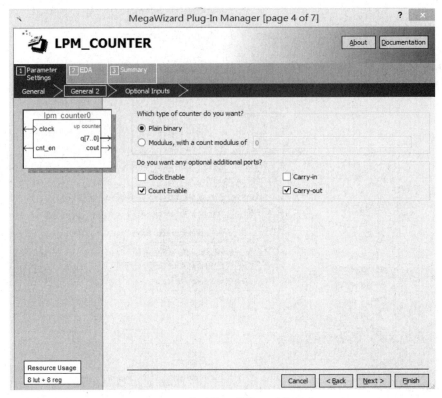

图 2-38　计数系数、使能及进位设定

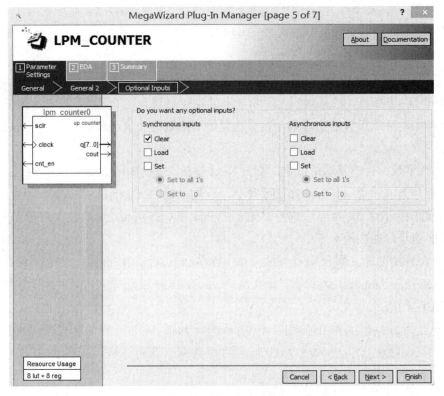

图 2-39　输入方式设定

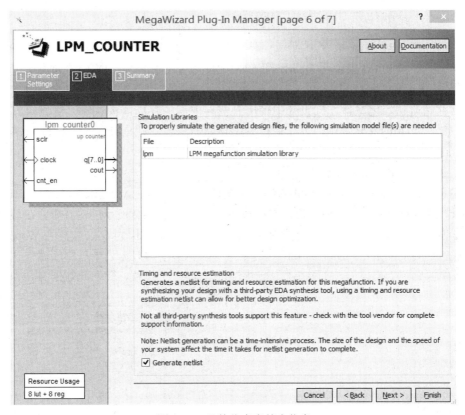

图 2-40　元件仿真库基本信息

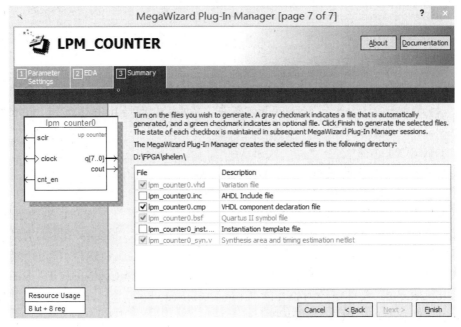

图 2-41　输出文件选择设定

2.3.2 LPM 参数化宏功能模块的应用

存储器的设计是 EDA 技术中的一项重要的技术，在很多电子系统中都有存储器的应用，本节创建一个 8 位 ROM 来说明 Quartus Ⅱ 软件中使用 Symbol 对话框对 LPM 模块进行添加和例化的步骤。

建立存储器初始化文件，当设计中使用到器件内部的存储器模块时，需要对存储器模块进行初始化。Quartus Ⅱ 软件中，可以直接利用存储器编辑器建立或编辑 Altera 存储器初始化格式（.mif）的文件，步骤如下：

（1）建立".mif"格式文件

创建 ROM 前，首先要建立 ROM 内的数据文件。在菜单栏中选择 File→New→Memory Files→Memory Initialization File 命令，单击 OK 按钮，弹出如图 2-42 所示的对话框，在该对话框中输入数据单元数和数据宽度。这里选择数据数 Number of words 为 64、数据宽 Word size 为 8 位。继续单击 OK 按钮，弹出空的 mif 数据表格。该表格中的数据为十进制表达方式，将数据填入此表中（见图 2-43）后，在菜单栏中选择 File→Save as 按钮，保存此数据文件为 rom.mif。

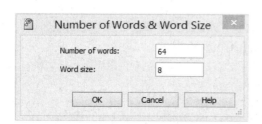

Addr	+0	+1	+2	+3	+4	+5	+6	+7
0	255	254	252	249	245	239	233	225
8	217	207	197	186	174	162	150	137
16	124	112	99	87	75	64	53	43
24	34	26	19	13	8	4	1	0
32	0	1	4	8	13	19	26	34
40	43	53	64	75	87	99	112	124
48	137	150	162	174	186	197	207	217
56	225	233	239	245	249	252	254	255

图 2-42 设置 ROM 容量　　　　图 2-43 填入数据的 mif 数据表格

（2）建立".hex"格式文件

在菜单栏中选择 File→New→Memory Files→Hexadecimal(Intel-Format)File 命令，最后存盘".hex"格式文件。这里保存为 helen.hex 文件，需要注意的是 helen.hex 和 rom.mif 文件必须放在本项工程文件夹的数据文件 romset 中，以备调用。

（3）定制 ROM 元件

建立原理图文件，文件名为 romset.bdf。

（4）MegaWidzard Plug-In Manager 对话框初始设置

在菜单栏中选 Tools→MegaWidzard Plug-In Manager 命令，在弹出对话框中选择 Creat a new custom megafunction variation 选项后单击 Next 按钮，弹出如图 2-44 所示的对话框，在左边的窗格中双击 Memory Compiler 选项，在该选项中选择 ROM:1-PORT，再进行器件选择、语言方式选择、输入 ROM 文件存放的路径和文件名。这里选择 Cyclone Ⅳ E、VHDL 语言、文件名为 romset.vhd、文件路径为 D:/FPGA/romset/romset.vhd。

（5）设置数据宽度、ROM 中数据等

在图 2-44 所示的对话框中，单击 Next 按钮，弹出如图 2-45 所示的对话框，在该对

图 2-44　LPM 宏功能块设定

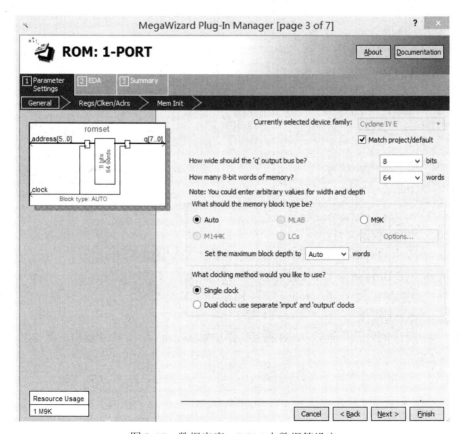

图 2-45　数据宽度、ROM 中数据等设定

话框中设置数据宽度、ROM 中的数据数、时钟信号类型、存储器模块类型。这里选择器件为 Cyclone ⅣE、输出数据宽度为 8、ROM 中数据数为 64、存储器模块类型默认为 Auto、时钟信号为单时钟。

（6）寄存器、使能设置

在图 2-45 所示的对话框中，单击 Next 按钮，弹出如图 2-46 所示的对话框，在该对话框中可以设定寄存器的输出端口、时钟信号使能端及寄存器端口的异步清零信号。

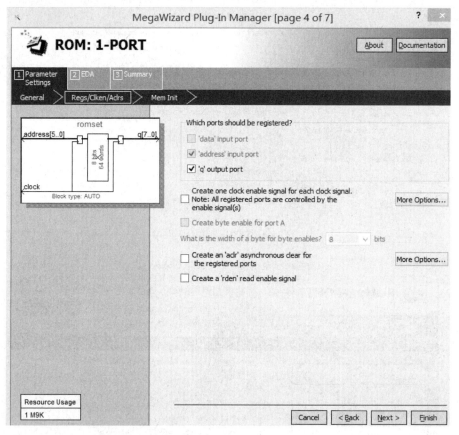

图 2-46　寄存器、使能设置

（7）调入 ROM 数据文件

在图 2-46 所示的对话框中，单击 Next 按钮，弹出如图 2-47 所示的对话框，在对话框中选择第二项并单击 Browse 按钮，选择指定路径上的数据文件（这里选择 helen.hex）。同时选中最后一项，并在空白栏中输入 romd 作为 ROM 的 ID 名称。

（8）完成 ROM 例化

在图 2-47 所示的对话中连击 Next 按钮，弹出如图 2-48 所示的对话框，单击 Finish 按钮，ROM 设计完成。

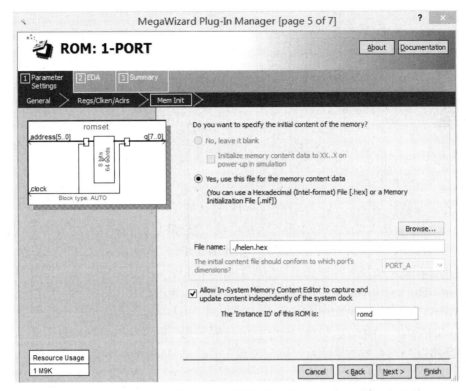

图 2-47 调入数据文件

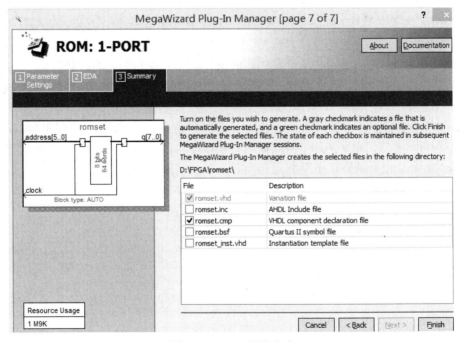

图 2-48 ROM 设计完成

第3章 仿真

仿真是指在软件环境下，验证电路的行为和设计意图是否一致。仿真与验证是一门科学，在逻辑设计领域，仿真与验证是整个设计流程中最重要、最复杂与最耗时的步骤。特别是 ASIC 设计中，仿真与验证投入的资源与初期逻辑设计的比重约为 10:1。虽然 FPGA/CPLD 设计灵活，可以反复编程，这种灵活性在一定程度上可以弥补仿真与验证的不足，但是对于大型、高速或复杂的系统设计，仿真和验证仍是整个流程中最重要的环节。目前，国内外知名公司的仿真验证和逻辑设计人员的配置比率超过了 4∶1。

Altera 的仿真有两种，一种是自带的仿真工具，另一种是第三方的仿真工具。目前仿真工具种类繁多，但是在业界最流行、影响力最大的就是 Modelsim 仿真工具。

3.1 Modelsim 简介

Modelsim 仿真工具是 Model 公司开发的。它支持 Verilog、VHDL 以及它们的混合仿真，可以将整个程序分步执行，使设计者直接看到程序下一步要执行的语句，而且在程序执行的任何步骤任何时刻都可以查看任意变量的当前值，可以在 Dataflow 窗口查看某一单元或模块的输入输出的连续变化等，比 Quartus 自带的仿真器功能强大得多，是目前业界最通用的仿真器。

对于初学者，Modelsim 自带的教程是一个很好的选择，在 Help→SE PDF Documentation →Tutorial 里面，它从简单到复杂、从低级到高级详细地讲述了 Modelsim 的各项功能的使用，简单易懂。但是它也有缺点，就是它里面所有事例的初期准备工作都已经放在 example 文件夹里，直接将它们添加到 Modelsim 就可以用，它假设使用者对当前操作的前期准备工作都已经很熟悉，所以初学者往往不知道如何做当前操作的前期准备。

3.2 安装

同许多其他软件一样，Modelsim SE 同样需要合法的 License，通常用 Kengen 产生 license.dat。

① 解压安装工具包开始安装，安装时选择 Full product 安装。当出现 Install Hardware Security Key Driver 时选择否，当出现 Add Modelsim To Path 时选择是，出现 Modelsim License Wizard 时选择 Close。

② 如果将软件安装在 D 盘，则软件自己生成一个名为 modeltech_10.0c 的文件夹，用 Keygen 产生一个 license.txt，然后复制到该文件夹下，如图 3-1 所示。

图 3-1　修改环境变量

③ 修改系统的环境变量。右键点击桌面我的电脑图标，属性→高级→环境变量→（系统变量）新建。按图 3-1 所示内容填写，变量值内如果已经有别的路径了，请用"；"将其与要填的路径分开。如 LM_LICENSE_FILE = c:\flexlm\license.dat。

④ 安装完毕，可以运行。

3.3　Modelsim 仿真方法

Modelsim 的仿真分为前仿真和后仿真，下面先具体介绍一下两者的区别。

3.3.1　前仿真

前仿真也称为功能仿真，主旨在于验证电路的功能是否符合设计要求，其特点是不考虑电路门延迟与线延迟，主要是验证电路与理想情况是否一致。可综合 FPGA 代码是用 RTL 级代码语言描述的，其输入为 RTL 级代码与 Testbench。

3.3.2　后仿真

后仿真也称为时序仿真或者布局布线后仿真，是指电路已经映射到特定的工艺环境以后，综合考虑电路的路径延迟与门延迟的影响，验证电路能否在一定时序条件下满足设计构想的过程，是否存在时序违规。其输入文件为从布局布线结果中抽象出来的门级网表、Testbench 和扩展名为 SDO 或 SDF 的标准时延文件。SDO 或 SDF 的标准时延文件不仅包含门延迟，还包括实际布线延迟，能较好地反映芯片的实际工作情况。一般来说后仿真是必选的，检查设计时序与实际的 FPGA 运行情况是否一致，确保设计的可靠性和稳定性。

3.3.3 Modelsim 仿真的基本步骤

Modelsim 的仿真主要有以下几个步骤：建立库并映射库到物理目录；编译原代码（包括 Testbench）；执行仿真。

3.3.4 Modelsim 的运行方式

Modelsim 的运行方式有以下 4 种。
① 用户图形界面（GUI）模式：此模式是主要的操作方式之一。
② 交互式命令行（Cmd）模式：没有界面，通过命令来完成。
③ Tcl 和宏（Macro）模式。
④ 批处理文件（Batch）模式。

3.4 Modelsim 功能仿真

本仿真对象是一个 6 进制计数器，源文件与测试文件如下。
源文件：

```
LIBRARY IEEE;
USE IEEE.STD_LOGIC_1164.ALL;
USE IEEE.STD_LOGIC_ARITH.ALL;
USE IEEE.STD_LOGIC_UNSIGNED.ALL;

ENTITY cnt6 IS
  PORT
  (clr,en,clk :IN STD_LOGIC;
  q :OUT  STD_LOGIC_VECTOR(2 DOWNTO 0)
  );
END ENTITY;

ARCHITECTURE rtl of CNT6 is
SIGNAL tmp  :STD_LOGIC_VECTOR(2 DOWNTO 0);
BEGIN
  PROCESS(clk)
    VARIABLE q6:INTEGER;
    BEGIN
      IF(clk'EVENT AND clk='1')THEN
        IF(clr='0')THEN
          tmp<="000";
        ELSIF(en='1')THEN
          IF(tmp="101")THEN
            tmp<="000";
          ELSE
            tmp<=UNSIGNED(tmp)+'1';
          END IF;
        END IF;
```

```vhdl
      END IF;
    q<=tmp;
      qa<=q(0);
      qb<=q(1);
      qc<=q(2);
  END PROCESS;
END rtl;
```

测试文件：
```vhdl
LIBRARY IEEE;
USE IEEE.STD_LOGIC_1164.ALL;

ENTITY cnt6_tb IS
END cnt6_tb;

ARCHITECTURE rtl of cnt6_tb IS
  COMPONENT cnt6
    PORT(
      clr,en,clk :IN STD_LOGIC;
      q :OUT  STD_LOGIC_VECTOR(2 DOWNTO 0)
      );
  END component;

  SIGNAL clr  :STD_LOGIC:='0';
  SIGNAL en   :STD_LOGIC:='0';
  SIGNAL clk  :STD_LOGIC:='0';
  SIGNAL q    :STD_LOGIC_VECTOR(2 DOWNTO 0);
  CONSTANT clk_period :time :=20 ns;
  BEGIN
    INSTANT:cnt6 port map
    (
      clk=>clk,en=>en,clr=>clr,q=>q
      );
  clk_gen:PROCESS
  BEGIN
    WAIT FOR clk_period/2;
    clk<='1';
    WAIT FOR clk_period/2;
    clk<='0';
  END PROCESS;
  clr_gen:PROCESS
  BEGIN
    clr<='0';
    WAIT FOR 30 ns;
    clr<='1';
    WAIT;
  END PROCESS;
    en_gen:process
  BEGIN
    en<='0';
```

```
    WAIT FOR 50ns;
    en<='1';
    WAIT;
  END PROCESS;
END rtl;
```

在执行一个仿真前先建立一个单独的文件夹,后面的操作都在此文件下进行,以防止文件间的误操作。创建文件夹的方法有两种,一种是利用 Windows 等操作系统建立文件夹,另一种是利用 Modelsim 软件自己创建,创建的方法是 Flie→New→Folder,如图 3-2 所示为采用第二种方法建立的名为 VHDLmodelsim 的文件夹。

然后启动 Modelsim 将当前路径修改到该文件夹下,修改的方法是点击 File→Change Directory 选择刚刚新建的文件夹,如图 3-3、图 3-4 所示。

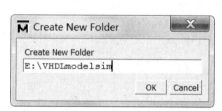

图 3-2 创建文件夹

图 3-3 修改文件路径

图 3-4 选择刚才建立的文件夹

3.4.1 建立仿真工程

选择菜单命令"File→New→Project"→弹出如图 3-5 所示的对话框→输入工程名称（Project Name）、工程存放路径（Project Location）和默认库名称（Default Library Name）等。

本例中的工程名称为"counter",工作库默认为 work 库。设置完成后单击"OK"按钮→弹出如图 3-6 所示的"Add items to the Project"对话框→选择"Add Existing File"图标→弹出如图 3-7 所示的"Add file to Project"对话框→单击"Browse"按钮→将待测文件添加到工程中→单击"OK"按钮,完成工程创建。在工作区的"Project"选项卡中可以看到新加入的文件,如图 3-8 所示。

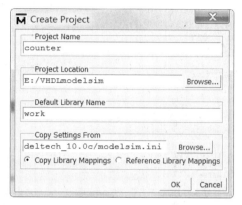

图 3-5　建立新工程

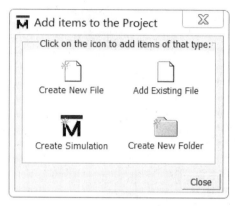

图 3-6　向工程添加项目

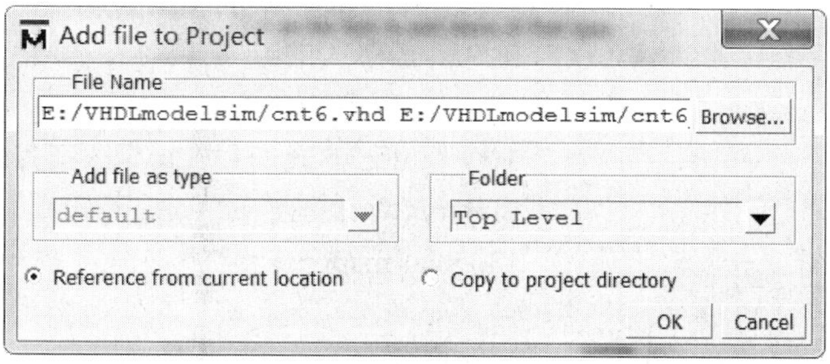

图 3-7　向工程添加文件

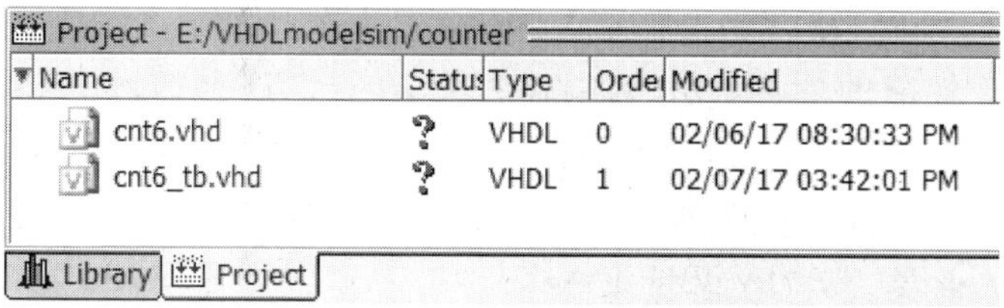

图 3-8　文件添加成功

3.4.2　Altera 仿真库的编译与映射

如果设计中没有用到 MegaWizard 生成的 IP Core 或 LPM,那么此步骤可以省略。如果设计包含了 IP Core 或直接调用了 LPM,则必须进行 Altera 的仿真库的编译与映射。这些仿真库描述了 MegaWizard 和 IP Core 的功能与时序特性。除了每个器件族的仿真库外,Altera 的仿真库还有"220model"与"altera_mf"。"220model"是对常用的 LPM 硬件原语的描述,"altera_mf"是对常用的 Megafunction 模块的描述。仿真库添加的常用方法如下。

直接在"<Altera_install_dir>/quartus/eda/sim_lib"目录下将所涉及的 Altera 仿真库的

Verilog 或 VHDL 文件复制到工程目录下,并将 Altera 仿真库的文件直接添加到工程中。例如设计中用到"220model"与"altera_mf"这两个库,那么将其与设计文件一起添加到工程中,如图 3-9 所示。

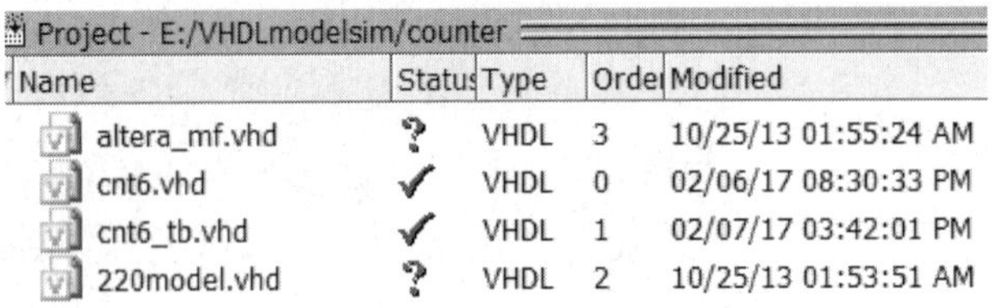

图 3-9 添加仿真库到工程中

为了以后的仿真方便,下面介绍一下如何在 Quartus Ⅱ 的安装目录下提取并创建 Altera 仿真库。仿真库被创建后,在以后的设计中可以直接映射,不用在重新创建。

① 去除 Modelsim 安装目录下 modelsim.ini 的只读属性(使得这个".ini"的配置文件可以被修改)。

② 打开 Modelsim,更改目录 File→Change directory 到根目录下(注意这里不需要自己新建文件夹的,后面建了新的库会自动有一个新的文件夹把库中文件放进去的)。

图 3-10 创建仿真库

③ 新建一个库取名为 altera。在主窗口选择菜单命令"File→New→Library"→在弹出的"Create a New Library"对话框选项"Create"设置为"a new library and a logical mapping to it"→在"Library Name"选项中输入要创建库的名称。本例命名为"altera",点击 OK 就可以了,其他不用动,如图 3-10 所示。

④ 在 Modelsim 的环境下对 altera 库文件进行编译,在工作区的"Library"选项中可以看到创建的 altera 库→在主窗口中选择菜单命令"Compile Source Files"对话框的"Library"下拉菜单中选择新创建的库名,本例中选择"altera"→在查找范围中选择"<Altera_install_dir>/quertus/eda/sim_lib"文件夹,对下面 6 个文件进行编译,如图 3-11 所示。如果是用 VHDL 编写代码的则选择.vhd,如果是用 Verilog 编写代码的话就选.v。

⑤ 首先把目录下的单独的 v 文件全部编译,然后选择想要编译的器件库,全选后编译即可。编译完所要编译的库文件后按 Done 结束编译并退出 modelsim。

⑥ 打开 modelsim.ini 文件,在[Library]下可以看到 altera=altera 这一句,那就修改下路径,把这一句改为 altera =E:/altera 即可。

⑦ 再把 modelsim.ini 的只读属性选上就可以开工了,此时再打开 Modelsim 就能在 Library 栏看到所添加的库。

以上是建立 Altera 仿真库,也叫资源库。Modelsim 中有两类仿真库,一种是工作库,默认的库名为 work,另一种是资源库。work 库下包含当前工程下所有已经编译过的文件,所以编译前一定要建一个 work 库,而且只能建一个 work 库。资源库存放 work 库中已经编译过的文件所要调用的资源,这样的资源可能有很多,它们被放在不同的资源库内。例如想要对综合在 cyclone 芯片中的设计做后仿真,就需要有一个名为 cyclone_ver 的资源库。

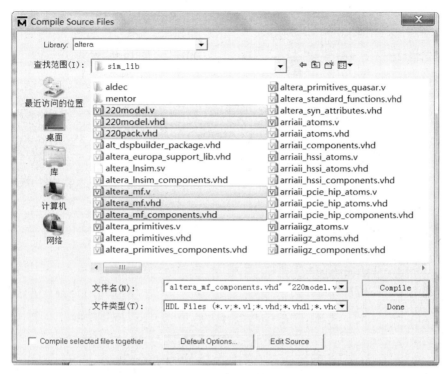

图 3-11　编译文件库

映射库用于将已经预编译好的文件所在的目录映射为一个 Modelsim 可识别的库，库内的文件应该是已经编译过的，在 Workspace 窗口内展开该库应该能看见这些文件。

建立仿真库的方法是，点击 File→New→Library 出现下面的对话框，选择 a new library and a logical mapping to it，在 Library Name 内输入要创建库的名称，然后 OK，即可生成一个已经映射的新库。

注意，工作库与资源库的创建过程是一样的。上面建立工程时的默认库 work 为工作库，专门建立的 altera 库是资源库。

如果要删除某库，只需选中该库名，点右键选择 Delete 即可。需要注意的是不要在 Modelsim 外部的系统盘内手动创建库或者添加文件到库里；也不要在 Modelsim 用到的路径名或文件名中使用汉字，因为 Modelsim 可能无法识别汉字而导致莫名其妙的错误。

3.4.3　编译 HDL 源代码和 Testbench

在工作区中选择"Project"选项卡→选中要操作的文件→单击鼠标右键→在弹出的菜单中选择"Compile"→"Compile All"命令对所有文件进行编译，如果该文件编译成功则状态栏会出现绿色的对勾，如图 3-12 所示。同时在"Library"选项卡中，单击 work 库前面的"+"将其展开，会看到已编译的设计单元，如图 3-13 所示。

图 3-12　编译成功

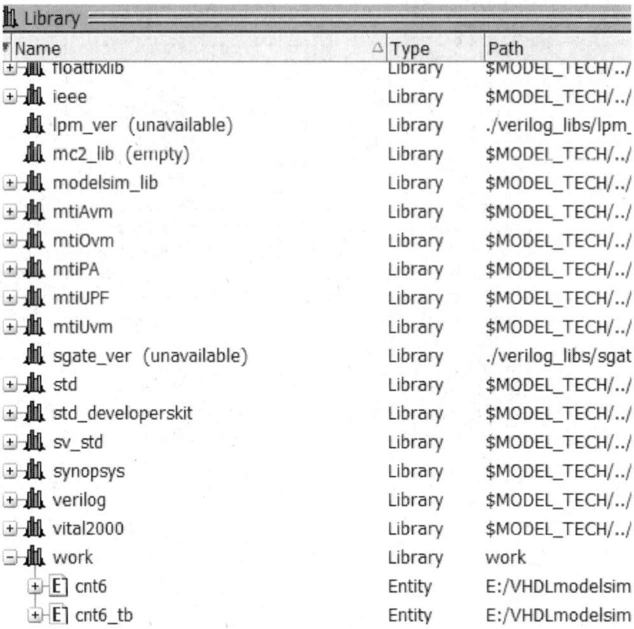

图 3-13　展开 work 库

这里需要注意一个问题，源文件与测试文件可以在任何编辑器上书写，然后拷贝到工程目录下，或在 Modelsim 下通过"Add to Project/New File"进行录入，如图 3-14 所示。当然也可以通过"File/New/Source/VHDL"进入程序录入界面，如图 3-15 所示。

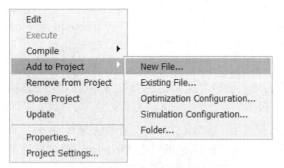

图 3-14　源文件与测试文件的录入（1）

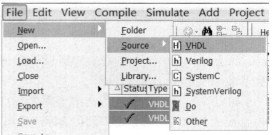

图 3-15　源文件与测试文件的录入（2）

3.4.4　启动仿真器并加载设计顶层

仿真器启动和加载设计顶层方法有以下两种。

① 双击 work 库里面的顶层设计单元（仿真的顶层单元一般为最外层的测试激励），则会自动加载顶层设计，并启动仿真，同时在工作区出现"Sim""File"和"Memories"选项卡，并且会弹出"Objects"窗口，如图 3-16 所示。"Sim"选项卡中显示设计单元的结构，"Objects"窗口可以观察待测信号。

② 在主窗口中选择菜单命令"simulate"→"Start Simulation"或快捷按钮会出现 Start Simulation 对话框。点击 Design 标签选择 work 库下的 Testbench（cnt6_tb）文件，然后点击 OK 即可，也可以直接双击 Testbench 文件，此时会出现图 3-17 所示的界面，然后点击"OK"即可。

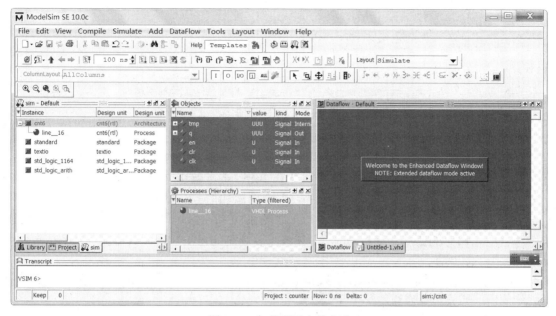

图 3-16　加载顶层文件完成

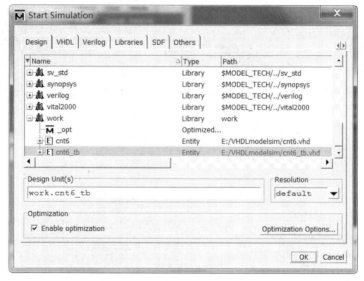

图 3-17　仿真顶层设计单元

图 3-17 中的选项卡中,"Design"用于指定仿真的顶层和仿真分辨率;"VHDL"选项卡用于指定 VHDL 版本与语法格式相关参数;"Veirlog"选项卡用于指定 Veirlog 版本与语法格式相关参数;"Library"选项卡用于指定仿真工程中所需的仿真库和优先查找的仿真库;"SDF"选项卡用于指定一些附加功能参数,如代码覆盖率、wlf 波形文件、assert 断言文件等。

注意:如果用到 altera 仿真库,则需要在"Library"选项卡里添加 altera 仿真库。单击"Add"按钮→在弹出 Select Library 对话狂中单击"Browse"按钮进行仿真库的查找,也可以单击"▼",在下拉菜单中选择映射好的 altera 仿真库,如图 3-18 所示,完成后单击"OK"按钮即可。

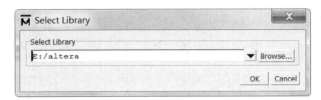

图 3-18 仿真库的查找

3.4.5 打开观察窗口，添加信号

在工作区的"Sim"选项卡中，选中顶层单元→单击鼠标右键→在弹出的菜单中选择"Add"→"Add to Wave"选项来向"Wave"窗口添加信号，如图 3-19 所示。添加完信号后会弹出已经添加了信号的"Wave"窗口，如图 3-20 所示。还可以根据需要观测的对象属性，选择主窗口中的菜单命令"View"，打开需要观测的窗口，比如数据流（Dataflow）和列表窗口（List）等。

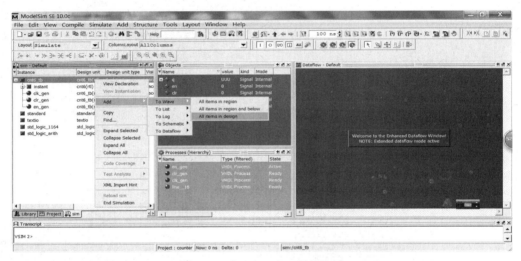

图 3-19 向 Wave 窗口添加信号

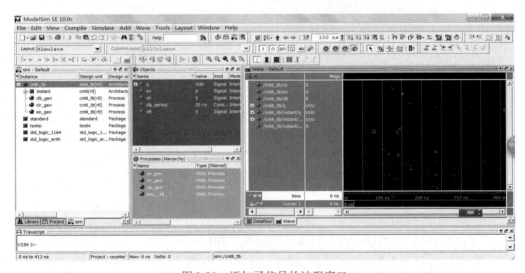

图 3-20 添加了信号的波形窗口

3.4.6 执行仿真

可以在主窗口中选择菜单命令"Simulate"→"Run"→"Run-All"选项来执行仿真，也可以使用 快捷键按钮进行仿真。仿真结束后，在波形窗口可以观察待测信号是否满足设计要求，如图 3-21 所示。

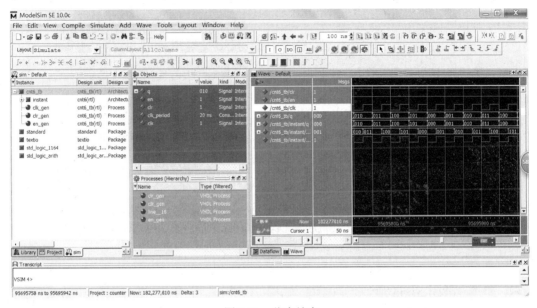

图 3-21 仿真结束

单击"Wave"窗口右上角的按钮，可将"Wave"窗口分离出主窗口，如图 3-22 所示。通过观察仿真结果可知，波形并没有延时，因此是功能仿真。另外，单击按钮，在波形窗口下按住鼠标左键不放，向右下或左下斜拉可以选择一个放大的区域，向左上和右上可以选择一个缩小的区域。

图 3-22 功能仿真结果

图 3-22 是以二进制的形式显示的仿真结果，如果想采用其他的显示形式，则将鼠标放在波形名称上，然后单击右键，在"Radix"中将列出所有可以显示的形式，如图 3-23 所示。

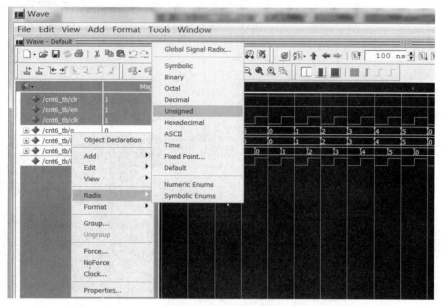

图 3-23　显示形式选择

3.5　Modelsim 时序仿真

时序仿真不仅包含门延时，还包含实际布线延时，比较真实地反映逻辑的延时与功能。进行时序仿真所需要的文件为：

① 综合布局布线生成的网络表文件；
② 元件库；
③ Testbench 文件（只需要测试文件即可，并不需要 HDL 源代码）；
④ 综合布局布线生成的具有延时信息的 SDF 文件。

这里以 Quartus Ⅱ作为综合软件，需要用 Quartus Ⅱ生成综合后的网络表文件 VHD 和 SDO 文件。因此在 Modelsim 进行时序仿真之前，先介绍一下在 Quartus Ⅱ中的设置，以及如何利用 Quartus Ⅱ生成网络表与 SDO 文件。

具体操作过程又有两种方法：一种是通过 Quartus 调用 Modelsim，Quartus 在编译之后自动把仿真需要的 .vho 文件以及需要的仿真库加到 Modelsim 中，操作简单；一种是手动将需要的文件和库加入 Modelsim 进行仿真，这种方法可以增加主观能动性，充分发挥 Modelsim 的强大仿真功能。

3.5.1　仿真路径设置

本节学习通过 Quartus Ⅱ调用 Modelsim 进行仿真的方法。这种方法首先需要在 Quartus Ⅱ中设置 Modelsim 的路径，方法是在 Quartus Ⅱ的主界面下，选择菜单命令"Tools"→"Options"→"General"→"EDA Tool Options"→在弹出的对话框中设置 Modelsim 的安装路径，如图 3-24 所示。

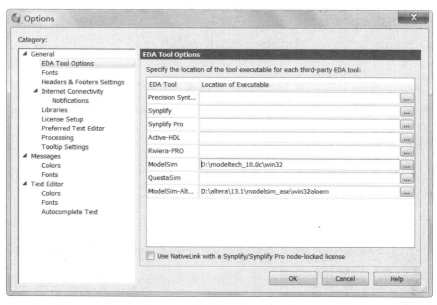

图 3-24 设置第三方工具路径

3.5.2 Quartus Ⅱ 仿真环境设置

先运行 Quartus Ⅱ，打开要仿真的工程，点击菜单栏中的 Assignments，然后点击 EDA Tool Settings，选中左边 Category 中的 Simulation，在右边的 Tool name 中选中 ModelSim，最后选中下面的 Run gate-level simulation automatically after complication，如图 3-25 所示。

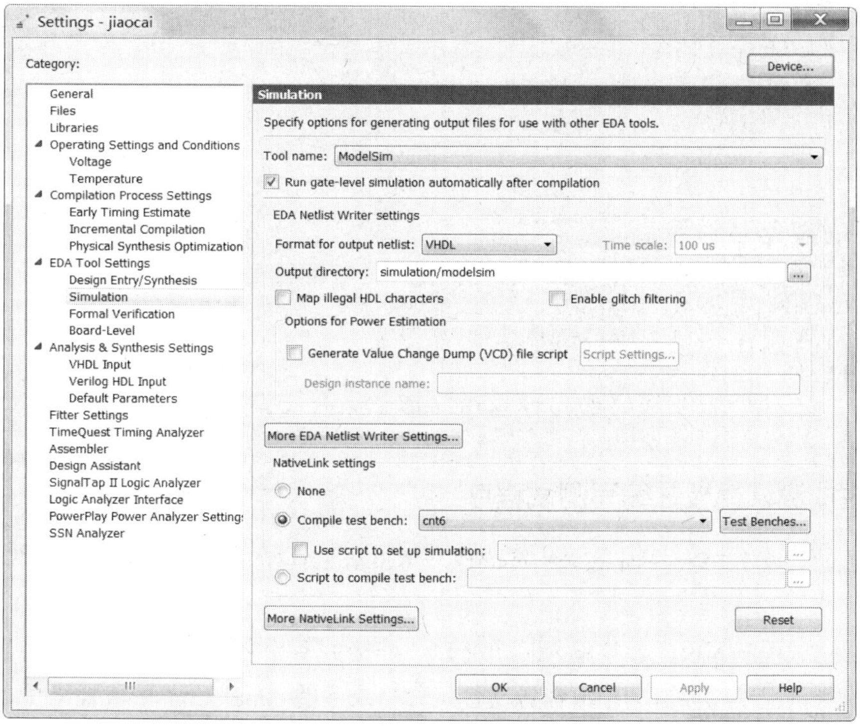

图 3-25 Quartus Ⅱ 的仿真设置

在 Quartus Ⅱ 中建立工程并添加了文件后,在主界面下选择菜单命令"Assignments"→"EDA Tools Setting"→进入"Settings"对话框→选择左侧"EDA Tool Settings"栏中的"Simulation"选项→进入图 3-25 所示的主界面→在"Tool name"栏里选择"ModelSim"→在"Format for output netlist"栏里选择输出网络表的语言类型(本例为 VHDL)→在"Output directory"栏里选择输出网络表的保存路径,至此在 Quartus Ⅱ 中的设置已经完成。

3.5.3 利用 Quartus Ⅱ 编译源文件

下面启动 Quartus Ⅱ 软件,在 Quartus Ⅱ 中新建一个工程并录入计数器的 VHDL 文件,然后用 Quartus Ⅱ 编译(Compilation),同时生成网络表文件和延时文件,如图 3-26 所示。

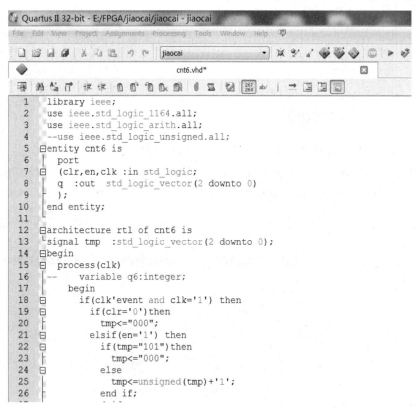

图 3-26　用 Quartus Ⅱ 编译源文件

3.5.4 生成测试模板并编写测试程序

编译通过后点击"Processing"→"Start"→"Start Test Bench Template Writer",如图 3-27 所示。

生成的测试程序模板,已将输入输出接口、连接关系等自动生成,只要加入激励信号即可。生成的测试程序模板自动存放在源文件工程目录下的 simulation/modelsim 中,扩展名为".vht",如图 3-28 中的 cnt6.vht。

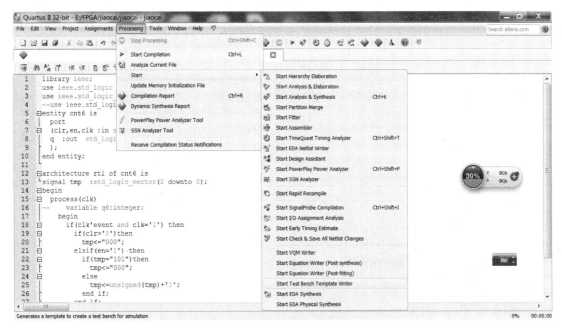

图 3-27　在 Quartus Ⅱ 下生成测试模板

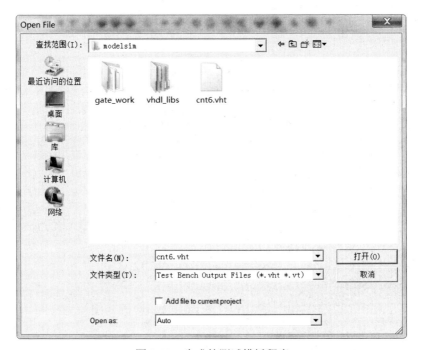

图 3-28　生成的测试模板程序

打开 cnt6.vht，其对应的程序如下：
```
LIBRARY ieee;
USE ieee.std_logic_1164.all;

ENTITY cnt6_vhd_tst IS
```

```vhdl
END cnt6_vhd_tst;
ARCHITECTURE cnt6_arch OF cnt6_vhd_tst IS
SIGNAL clk : STD_LOGIC;
SIGNAL clr : STD_LOGIC;
SIGNAL en : STD_LOGIC;
SIGNAL q : STD_LOGIC_VECTOR(2 DOWNTO 0);
COMPONENT cnt6
PORT (
clk : IN STD_LOGIC;
clr : IN STD_LOGIC;
en : IN STD_LOGIC;
q : OUT STD_LOGIC_VECTOR(2 DOWNTO 0)
);
END COMPONENT;
BEGIN
i1 : cnt6
PORT MAP (
clk => clk,
clr => clr,
en => en,
q => q
);
  clk_gen:process
  begin
    wait for 20 ns;
    clk<='1';
    wait for 20 ns;
    clk<='0';
  end process;
  clr_gen:process
  begin
    clr<='0';
    wait for 30 ns;
    clr<='1';
    wait;
  end process;
  en_gen:process
  begin
    en<='0';
    wait for 50ns;
    en<='1';
    wait;
  end process;
end cnt6_arch;
```

生成的".vht"程序,只有下面三个进程是用户自己写的,进程以上的都是软件自动生成的,如图3-29所示。

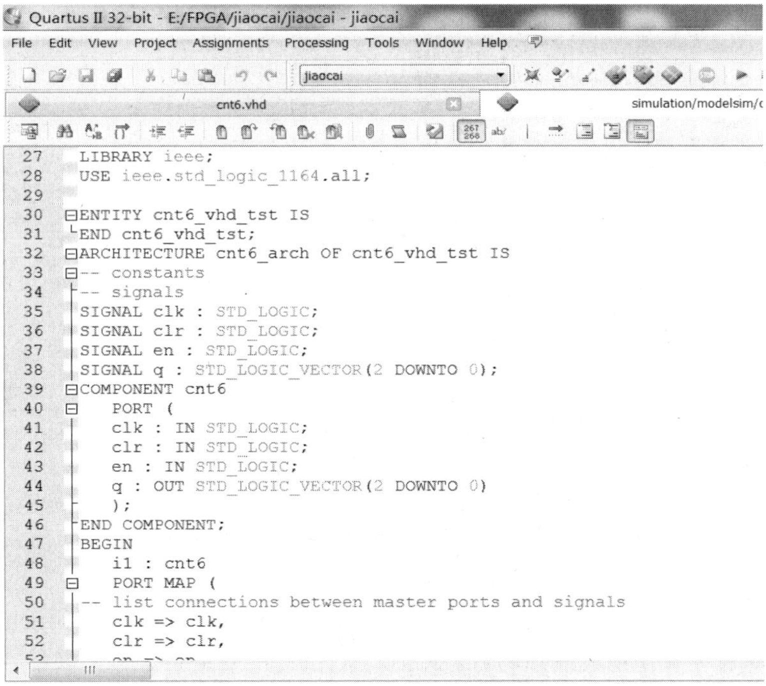

```
27    LIBRARY ieee;
28    USE ieee.std_logic_1164.all;
29
30    ENTITY cnt6_vhd_tst IS
31    END cnt6_vhd_tst;
32    ARCHITECTURE cnt6_arch OF cnt6_vhd_tst IS
33    -- constants
34    -- signals
35    SIGNAL clk : STD_LOGIC;
36    SIGNAL clr : STD_LOGIC;
37    SIGNAL en : STD_LOGIC;
38    SIGNAL q : STD_LOGIC_VECTOR(2 DOWNTO 0);
39    COMPONENT cnt6
40        PORT (
41        clk : IN STD_LOGIC;
42        clr : IN STD_LOGIC;
43        en : IN STD_LOGIC;
44        q : OUT STD_LOGIC_VECTOR(2 DOWNTO 0)
45        );
46    END COMPONENT;
47    BEGIN
48        i1 : cnt6
49        PORT MAP (
50        -- list connections between master ports and signals
51        clk => clk,
52        clr => clr,
```

图 3-29　自动生成的测试模板程序

3.5.5　执行仿真

在主界面下选择菜单命令"Assignments"→进入"Settings"→选择左侧"EDA Tool Settings"栏中的"Simulation"选项→"NativeLink settings"→"Test Benches",如图 3-30、图 3-31 所示。

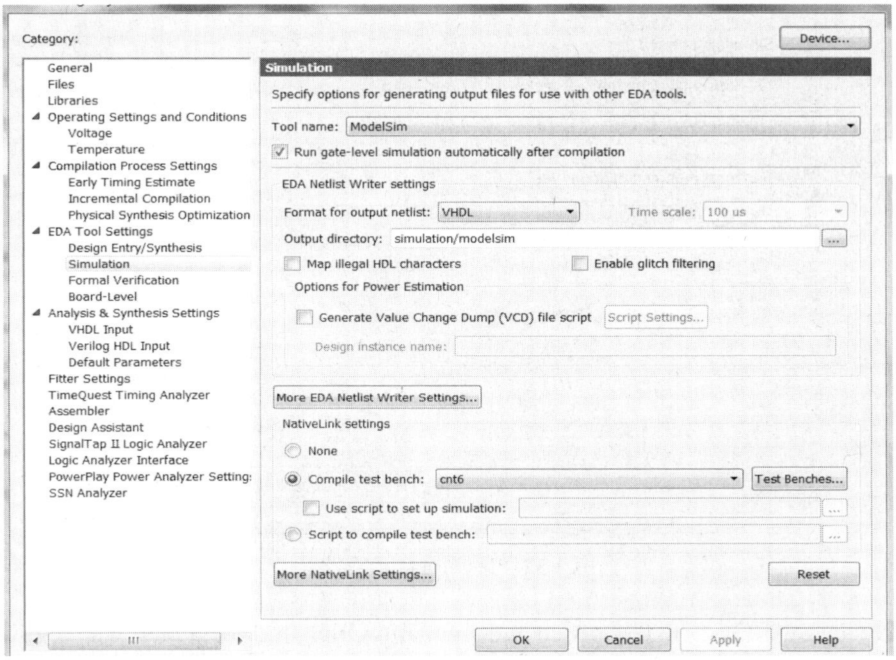

图 3-30　仿真设置

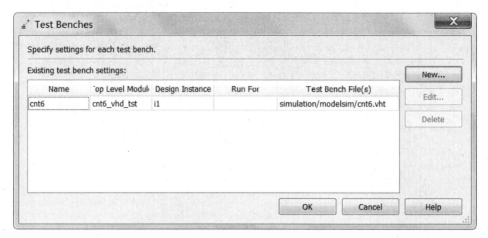

图 3-31　添加测试文件

点击图 3-31 中 "New" 出现图 3-32 所示的设置对话框，图中 test bench name 填写的是：simulation/modelsim 目录下的 cnt6.vht 文件名 cnt6，即源文件的实体名。Top level module in test bench 填写的是：测试程序用的实体名。Design instance name in test bench 项默认为 i1，这个名字是测试程序调用源程序后将源程序在该测试程序中重新定义的名字。

图 3-32　Testbench 选项设置

完成以上 3 步填写，在 Test bench and simulation files 下面添加 cnt6.vht，点击 OK 完成设置。

设置完成后点击 Quartus Ⅱ 中的 start compilation，则会自动启动 Modelsim 并进行仿真，图 3-33 为时序仿真结果。

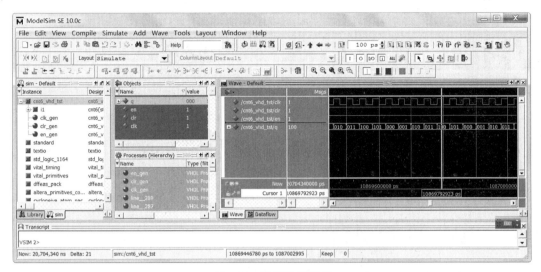

图 3-33　时序仿真结果

第4章
VHDL语言基础

数字系统的设计分为硬件设计和软件设计两部分，随着计算机技术、超大规模集成电路的发展和硬件描述语言的出现，软硬件之间的界限被打破，数字系统的硬件设计可以完全用软件来实现，只要掌握了 HDL 语言就可以设计出各种各样的数字逻辑电路。

4.1　VHDL 语言的特点

VHDL 语言是超高速集成电路硬件描述语言的简称，作为一种标准的硬件描述语言，具有结构严谨、描述能力强的特点。由于 VHDL 语言来源于 C、FORTRAN 等计算机高级语言，因此在 VHDL 语言中保留了部分高级语言的原语句，如 IF 语句、子程序和函数等，便于阅读和应用。具体特点如下：

① VHDL 作为一种硬件描述语言，最大的特点是不需要考虑具体硬件的内部结构和电路组成。它可以描述设计电路的输入、输出端口信息；描述要设计的电路的行为、结构和数据流的流动信息；支持从系统级到门级的电路的描述，既支持自底向上（Bottom-Up）的设计也支持从顶向下（Top-Down）的设计。

② VHDL 设计单元的基本组成部分是实体（Entity）和结构体（Architecture），实体包含设计系统单元的输入和输出端口信息，结构体描述设计单元的组成和行为，便于各模块之间数据传送。利用单元（Componet）、块（Block）、过程（Process）和函数（Function）等语句，用结构化、层次化的描述方法，使复杂电路的设计更加简便。

③ VHDL 语言有常数、信号和变量三种数据对象，每一个数据对象都要指定数据类型。VHDL 的数据类型丰富，有数值数据类型和逻辑数据类型、位型和位向量型。既支持预定义的数据类型，又支持自定义的数据类型，其自定义的数据类型具有明确的物理意义。

④ 数字系统有组合电路和时序电路，时序电路又分为同步和异步，电路的动作行为有并行动作和串行动作，VHDL 常用语句分为并行语句和顺序语句，完全能够描述复杂的电路结构和行为状态。

⑤ 由于 VHDL 的设计和 FPGA 的内部结构无关，基本模块的程序可以在不同的设计系统中重复利用，因此程序的可移植性强。

⑥ 由于 VHDL 具有数据类型的描述语句和子程序的调用功能，因此对于设计模块可以在不改变源程序的绝大多数语句的情况下，只改变端口类型或属性的参数，就可以改变设计的规模和结构，设计十分便捷。

4.2 VHDL 语言的程序结构

与普通的应用语言程序一样，VHDL 语言的程序也有自己的结构，一个完整的 VHDL 程序是由库、程序包、实体说明、结构体和配置 5 个部分组成的。库的功能是用来存放已经编译的实体说明、结构体、程序包和配置；程序包的功能是用来存放各种设计模块都共享的类型、常量和子程序等；实体说明的功能是用来描述设计系统的外部接口特征；结构体的功能是用来描述设计系统的行为和结构；配置的功能是用来描述设计实体和元件或者结构体之间的连接关系。我们所编译的程序段中至少要包括实体说明和结构体两个部分，库和程序包可以使用默认设置而不明确地显现在程序中，而配置并不是每个程序都要必须特殊定义的，只有在一个实体对应多个结构体时才是必须的。

下面给出一个完整的 VHDL 程序，它包含了库、程序包、实体说明、结构体和配置 5 个部分。通过这个小程序来掌握 VHDL 程序的结构组成。

【例 4-1】

```
LIBRARY  IEEE;                          --库声明，即使用 IEEE 资源库
USE IEEE.STD_LOGIC_1164.                --包声明，即用到 IEEE 库中的 STD_LOGIC_1164
ENTITY  and_or  IS                      --实体说明
PORT(a:IN STD_LOGIC;                    --端口定义
     b: IN STD_LOGIC;                   --IN 定义实体输入端口
     y: OUT STD_LOGIC);                 --OUT 定义实体输出端口
END;                                    --实体定义结束
ARCHITECTURE and2_rtl OF and_or IS      --第一个结构体，实现的是 a，b 两端口输入
BEGIN
    y<=a AND b;
END and2_rtl;
ARCHITECTURE or2_rtl OF and_or IS       --第二个结构体
BEGIN
    y<=a OR b;                          --实现逻辑或
END or2_rtl;
CONFIGURATION and2_cfg OFand_or IS      --配置，将第一个结构体配置给实体，配置名为
                                          and2_cfg
FOR and2_rtl
   END FOR;
END and2_cfg;
CONFIGURATION or2_cfg OFand_or IS       --配置，将第二个结构体配置给实体，配置名为
                                          or2_cfg
FOR or2_rtl
   END FOR;
END or2_cfg;
```

这里要注意的是 VHDL 语言程序保存的文件名要与实体名一致，这里实体名为 and_or，存储路径最好不要存在中文。

4.3 VHDL 语言的库

在利用 VHDL 语言进行工程设计时，为了提高工作效率，或为了使设计遵循某些统一的

语言标准或者数据格式，有必要将一些常用的信息汇集在一个或几个库中以供调用。这些信息可以是预先定义好的数据类型、子程序等设计单元的集合体（程序包），也可以是预先设计好的各种设计实体（元件库程序包）。因此，库实际上就是一种存储预先完成的程序包、数据集合和元件的"仓库"。

VHDL 语言库分两类：一类是设计库，即在具体设计项目中设定的文件目录所对应的 WORK 库；另一类是资源库，即常规元件和标准模块存放的库。VHDL 程序设计中常用的库有 IEEE 库、STD 库、WORK 库及 VITAL 库等，库与库之间是独立的，不能互相嵌套。通常库中可以放置多个程序包，而程序包中又可放置多个子程序，子程序又含有函数、过程、设计实体（元件）等基础设计单元。若在一个程序中用到某一程序包或子程序等，就必须在这项设计中预先打开这个程序包所在的库，使此程序能随时使用这一程序包中的内容。

下面分别介绍一些常用的库——IEEE 库、STD 库、WORK 库及 VITAL 库。

（1）IEEE 库

IEEE 库是 VHDL 设计中最为重要的库，它包含有 IEEE 标准的程序包和其他一些支持工业标准的程序包。IEEE 库中标准的程序包主要包括 STD_LOGIC_1164、STD_LOGIC_ARITH、STD_LOGIC_UNSIGNED 和 STD_LOGIC_SIGNED 等，其中 STD_LOGIC_1164 是最常用，也是最重要的程序包，大部分基于数学系统设计的程序包都是以此程序包中设计的标准为基础的。它定义了 STD_LOGIC 和 STD_LOGIC_VECTOR 等多种数据类型，以及多种逻辑运算符子程序和数据类型转换子程序等。STD_LOGIC_ARITH、STD_LOGIC_UNSIGNED 和 STD_LOGIC_SIGNED 等程序包是由 SYNOPSYS 公司提供的，包中定义了 UNSIGNED 和 SIGNED 数据类型以及基于这些数据类型的运算符子程序。若使用包中内容，需要用 USE 语句加以说明。

（2）STD 库

STD 库是 VHDL 语言标准库，库中定义了 STANDARD 和 TEXTIO 两个标准程序包。

STANDARD 程序包中定义了 VHDL 的基本数据类型，如字符（CHARACTER）、整数（INTEGER）、实数（REAL）、位型（BIT）和布尔量（BOOLEAN）等。用户在程序中可以随时调用 STANDARD 包中的内容，不需要任何说明。TEXTIO 程序包中定义了对文本文件的读和写控制的数据类型和子程序。用户在程序中调用 TEXTIO 包中的内容时，需要用 USE 语句加以说明。由于 STD 库符合 VHDL 语言标准，在应用中不必如 IEEE 库那样以显式表达出来。

（3）WORK 库

WORK 库是 VHDL 中另外一种十分重要的设计库，它是用户 VHDL 设计的现行工作库，用于存放用户设计和定义的一些设计单元和程序包，用户设计项目的成品、半成品模块及先期设计好的元件。EDA 工具在编译一个 VHDL 程序时，通常默认它将保存在 WORK 库中。由于 WORK 库满足 VHDL 语言标准，在实际调用中一般不必以显式预先说明。

（4）VITAL 库

使用 VITAL 库，可以提高 VHDL 门级时序模拟的精度，因而只在 VHDL 仿真器中使用。该库中包含时序程序包 VITAL_TIMING 和 VITAL_PRIMITIVES。VITAL 程序包已经成为 IEEE 标准，在当前的 VHDL 仿真器的库中，VITAL 库中的程序包并入到了 IEEE 库中。由于各 FPGA/CPLD 生成厂商的适配工具都能成为各自的芯片生成带时序信息的 VHDL 门级网络表,用 VHDL 仿真器仿真该网表可以得到精确的时序仿真结果,因此 FPGA/CPLD 设计开发过程中,一般并不需要 VITAL 库中的程序包。

前面提到的库,除了 WORK 库和 STD 库之外,其他库在使用前都要进行说明。库的说明语句总是放在实体单元前面,而且库语言一般必须与 USE 语句同用。库的关键词是 LIBRARY,指明使用的库名;USE 语句指明库中的程序包。一旦说明了库和程序包,整个设计实体都可进入访问和调用,但其作用仅限于所说明的实体。VHDL 要求一个含有多个设计实体的更大的系统,每个设计实体都必须有自己完整的库说明语句和 USE 语句,其具体格式如下:

```
LIBRARY 库名;
USE 库名.程序包名.程序包中项目名;
USE 库名.程序包名.ALL;
例如: LIBRARY IEEE;                    --打开 IEEE 库
USE IEEE.STD_LOGIC_1164.ALL          --打开库中 STD_LOGIC_1164 程序包中所有项目
USE IEEE.STD_LOGIC_UNSIGNED.ALL      --打开库中 STD_LOGIC_UNSIGNED 程序包中所有项目
```

4.4　VHDL 语言的程序包

在 VHDL 中,某一设计实体中定义的数据类型、子程序或数据对象对于其他设计实体来说是不可用的,因而需要定义程序包来存放各个设计的能共享的信号说明,如常量定义、数据类型、子程序说明、属性说明和元件说明等部分。它是一个可编译的设计单元,也是库结构中的一个层次。要使用包集合时,可以用 USE 语句来说明。

一个完整的程序包包括程序包首和程序包体两部分,如下所示。

```
PACAKGE 包集合名 IS          --程序包首
 [说明语句];
END PACAKGE 包集合名;
PACKAGE BODY 包集合名 IS     --程序包体
 [说明语句];
END PACKAGE BODY 包集合名;
```

程序包首的说明部分一般包括数据类型说明、信号说明、子程序说明及元件说明等。程序包结构中,程序包体并非总是必须的。程序包首可以独立定义和使用,但是程序包中若有子程序说明时,则必须有对应的子程序包体,这时子程序包体必须放在程序包体中。

【例 4-2】程序包首使用说明示例。

```
PACKAGE pac1 IS                                --程序包首开始
TYPE byte  IS RANGE 0 TO 255;                  --定义数据类型 byte
    SUBTYPE nibble IS byte RANGE 0 TO15;       --定义子类型 nibble
CONSTANT byte_ff:byte:=255;                    --定义常数 byte_ff
SIGNAL addend:nibble;                          --定义信号 addend 为 nibble 类型
COMPONENT byte_adder                           --定义元件
PORT(A,B:IN byte;
         C:OUT byte;
OVERFLOW:OUT BOOLEAN);
END COMPONENT;
FUNCTION my_function(a:IN byte) Return byte;   --定义函数
END pac1;                                      --程序包首结束
```

【例 4-3】 四位 BCD 码译成七段数码管。

```
PACKAGE seven IS              --定义程序包
    SUBTYPE segments IS BIT_VECTOR(0 TO 6);
    TYPE bcd IS RANGE 0 TO 9;
END seven;
USE WORK.seven.ALL;           --打开程序包
ENTITY  DECODER IS
    PORT(INPUT:bcd;DRIVE:OUT segments);
END DECODER;
ARCHITECTURE ART OF DECODER IS
BEGIN
WITH  INPUT SELECT
DRIVE<=B"1111110"WHEN 0,
       B"0110000"WHEN 1,
       B"1101101"WHEN 2,
       B"1111001"WHEN 3,
       B"0110011"WHEN 4,
       B"1011011"WHEN 5,
       B"1011111"WHEN 6,
       B"1110000"WHEN 7,
       B"1111111"WHEN 8,
       B"1111011"WHEN 9,
       B"0000000"WHEN OTHERS;
END ARCHITECTURE ART;
```

4.5 VHDL 语言的实体

实体是一个设计实体的表层设计单元，主要描述了该设计实体与外部电路的接口，规定了设计单元的 I/O 接口信号或引脚，是设计实体经封装后对外的一个通信界面。

4.5.1 实体说明

任何一个基本设计单元的实体说明都具有如下结构：
ENTITY 实体名 IS
[GENERIC(类属表);]
[PORT(端口表);]
END ENTITY 实体名;

实体说明单元必须以语句"ENTITY 实体名 IS"开始，以语句"END ENTITY 实体名;"或"END 实体名;"结束，其中的实体名是设计者自己给设计实体定义的名字，可在其他设计实体对该设计实体进行调用时使用。中间方括号内语句是可选项，有时可以省略。对应 VHDL 语言程序，程序文字的大小写是不加以区分的，但为了阅读方便，一般将 VHDL 语言的标识符或关键词以大写方式表示，而设计者添加的部分采用小写方式来表示。而且尤为重要的是 VHDL 程序的文件名必须和实体名一致。

4.5.2 实体的类属说明

类属表（GENERIC）一般放在实体说明的前面，用于设计实体和外部环境通信的参数、传递静态信息，尤其是用来规定一个实体的端口大小、元件的数量、实体的物理特性，如延时等。类属的值可以由设计实体的外部提供，设计者可以很方便地通过设定类属参量的值来改变一个设计实体的内部结构和规模。一般书写格式如下：

GENERIC(常数名:数据类型[:=设定值]{;常数名:数据类型[:=设定值]});

类属参量以关键词 GENERIC 引导一个类属参量表，在表中提供时间参数或总线宽度等静态信息。类属中的常数名是由设计者确定的类属常数名，数据类型通常取 INTEGER 或 TIME 等类型，设定值即为常数名所代表的数值。

【例 4-4】带类属说明的实体。

```
ENTITY nand2 IS
    GENERIC(t_rise:TIME:=2ns;t_fall:TIME:=1ns)    --类属说明
    PORT(a: IN BIT;b:IN BIT;s:OUT BIT);           --端口说明
END ENTITY nand2;                                 --实体结束
```

此例中，GENERIC 类属语句对一个 2 输入的与非门实体的上升沿时间和下降沿时间做了定义，类属值 t_rise、t_fall 的改变，将改变这个设计实体进行仿真时的结果。

4.5.3 实体的端口说明

实体说明中每个输入输出信号称为端口，端口对应于实体生成器件图形的一个引脚，主要用来为设计实体和外部环境通信的动态信息提供通道。实体端口说明的格式如下：

PORT(端口名{,端口名}：端口模式　数据类型；
……
端口名{,端口名}：端口模式　数据类型)；

端口名是设计者为实体的每个通道所取的名字，通常由一个或几个英文字母，或者英文字母加数字来命名。端口模式指这些通道上的数据流动方式，端口模式有 4 种，IN 表示输入端口或引脚，接收外部信号；OUT 表示输出端口或引脚，向外输出信号；INOUT 表示双向端口或引脚，可以双向传输信号；BUFFER 表示缓冲输出端口或引脚，可以向外输出信号，也可以将信号反馈，回到设计电路的内部。数据类型说明通过端口的数据或者信号的类型，在 VHDL 中有十种数据类型，但在逻辑电路设计中只用到两种：BIT 和 BIT_VECTOR。当端口被说明为 BIT 数据类型时，该端口的信号取值只可能是 0 或 1（逻辑值）；当端口被说明为 BIT_VECTOR 数据类型时，该端口的取值可能是一组二进制位的数值。若某一数据总线输出端口具有 8 位的总线宽度，那么这样的总线端口的数据类型可以被说明为 BIT_VECTOR，总线端口的值由 8 位二进制位的值所确定。

【例 4-5】端口说明。

```
PORT(a,b,c:IN BIT;
y:OUT BIT;
bus:OUT BIT_VECTOR(7 DOWNTO 0));
```

该例中 a、b、c、y 都是 BIT 数据类型，而 bus 是 BIT_VECTOR 类型，（7 DOWN TO 0）表示该 bus 端口是一个 8 位端口，由 B7~B0 共 8 位构成，位矢量长度为 8 位。

在某些 VHDL 的程序中，数据类型的说明符号有所不同，上例中 BIT 类型还可以用 STD_LOGIC 说明，bus 用 STD_LOGIC_VECTOR(7 DOWNTO 0)来说明，但在实体说明前必须增加库和包说明，以便在对 VHDL 程序编译时，从指定库的包集合中寻找数据类型的定义。

【例 4-6】端口说明 1。

```
LIBRARY IEEE
```

```
USE IEEE. STD_LOGIC_1164.ALL;
ENTITY helen IS
PORT(a,b,c:IN STD_LOGIC;
y:OUT STD_LOGIC;
bus:OUT STD_LOGIC _VECTOR(7 DOWNTO 0));
END ENTITY helen;
```

4.6 VHDL 语言的结构体

实体中给出了设计项目的输入、输出信号的名称、端口模式、数据类型等信息，并没有指出输入和输出信号之间的关系，也没定义和输出电路的功能，或内部信号的流动等问题，而定义和描述这些问题是由 VHDL 的结构体来完成的。结构体是一个基本设计单元的功能描述，指明了该基本设计单元的行为、元件及内部的连接关系，一般放在实体说明的后面，其具体的语句格式为：

```
ARCHITECTURE 结构体名 OF 实体名 IS
   [说明语句];          --内部信号、常数、数据类型及函数等的定义
BEGIN
   [功能描述语句];
END ARCHITECTURE 结构体名;
```

一个结构体从"ARCHITECTURE 结构体名 OF 实体名 IS"开始，以"END 结构体名"或"END ARCHITECTURE 结构体名;"结束。结构体的名称是对本结构体的命名，它是该结构体的唯一名称，由设计者自由命名，但在大多数的文献和资料中，通常把结构体的名称命名为 behavioral（行为）、dataflow（数据流）及 structural（结构）。OF 后面紧跟的实体名表明该结构体所对应的是哪一个实体，一个实体可以有多个结构体。下面对说明语句和功能描述语句加以说明。

（1）说明语句

说明语句位于 ARCHITECTURE 和 BEGIN 之间，用于对结构体内部所使用的信号、常数、数据类型、函数、过程及元件等进行定义。

【例 4-7】
```
LIBRARY IEEE
USE IEEE .STD_LOGIC_1164.ALL;
ENTITY helen IS                                      --实体名为 helen
PORT(bcd:IN STD_LOGIC_VECTOR(3 DOWN TO 0);
     a,b,c,d,e,f,g:OUT STT_LOGIC);
END ENTITY helen;
ARCHITECTURE ss OF helen IS                          --结构体名为 ss
     SIGNAL dout:STD_LOGIC_ VECTOR(6 DOWNTO 0);      --输出数据位宽为 7
     BEGIN
     ……
END ARCHITECTURE  ss;
```

（2）功能描述语句

结构体中的功能描述语句位于 BEGIN 和 "END [ARCHITECTURE] 结构体名"之间，具体描述了结构体的行为及其连接关系，主要分三种描述方式：行为描述方式（behavioral）、数据流描述方式（dataflow）及结构描述方式（structural）。行为描述方式主要采用进程语句，

描述设计电路的输入和输出关系或行为，所有语句不涉及电路的组成、电路的元器件及电路的连线等，是基本设计单元的数学模型描述；数据流描述方式也称为逻辑方程描述方式，反映了输入和输出的逻辑关系，采用进程语句，顺序描述数据流在控制信号作用下被加工、处理、存储的过程，不涉及电路的连接及电路的结构问题；结构描述方式采用并行处理语句，描述设计实体内的结构组织和元件互连关系。

【例 4-8】二选一选择器的数据流方式描述。

```
ENTITY helen IS                          --实体名为helen
    PORT(a,b,c:IN BIT;
        q:OUT BIT);
    END ENTITY helen;
    ARCHITECTURE dataflow OF helen IS   --结构体名为dataflow
        BEGIN
        q<=(a AND c)OR(NOT c AND b);
    END ARCHITECTURE  dataflow;
```

【例 4-9】四选一选择器的行为描述方式。

```
ENTITY helen IS                          --实体名为helen
    PORT(a,b,c,d:IN STD_LOGIC_VECTOR(3 DOWNTO 0);
        s:IN STD_LOGIC_VECTOR(1 DOWNTO 0);
        q:OUT STD_LOGIC_VECTOR(3 DOWNTO 0));
    END ENTITY helen;
    ARCHITECTURE behavior  OF helen IS   --结构体名为behavior
        BEGIN
helen:PROCESS(a,b,c,d,s)
BEGIN
        IF  s="00" THEN
            q<=a;
        ELSIF  s="01" THEN
            q<=b;
ELSIF s="10" THEN
    q<=c;
        ELSE q<=d;
        END IF;
      END PROCESS helen;
    END behavior ;
```

【例 4-10】二选一选择器的结构描述方式。

```
    LIBRARY IEEE
    USE IEEE.STD_LOGIC_1164.ALL;
    ENTITY mux21 IS
    PORT( a,b:IN STD_LOGIC;
        s:IN STD_LOGIC;
        y:OUT STD_LOGIC;
     END mux21;
    ARCHITECTURE  struct  OF mux21 IS
    COMPONENT and21
    PORT( i0,i1:IN STD_LOGIC;
        q:OUT STD_LOGIC;
    END COMPONENT;
```

```
    COMPONENT or21
    PORT( i0,i1:IN STD_LOGIC;
          q:OUT STD_LOGIC;
    END COMPONENT;
    COMPONENT inv21
    PORT( i0:IN STD_LOGIC;
          q:OUT STD_LOGIC;
    END COMPONENT;
    SIGNAL temp1,temp2,temp3:STD_LOGIC;
    BEGIN
       U1:and21 PORT MAP(b,s,temp1);
       U2:inv21 PORT MAP(s,temp2);
       U3:and21 PORT MAP(a,temp2,temp3);
       U4:or21 PORT MAP(temp1,temp3,y);
    END ARCHITECTURE struct;
```

4.7 VHDL 语言的配置

在 VHDL 语言中，配置（Configuration）语句用来描述各种层与层之间的连接关系及实体与结构之间的连接关系。它是 VHDL 设计实体中的一个基本单元，利用配置可使仿真器为同一实体配置不同的结构体，或者为例化的各元件实体配置指定的结构体，从而形成一个所希望的例化元件层次构成的设计实体，其具体的语句格式如下：

CONFIGURATION 配置名 OF 实体名 IS
　[语句说明]；
END CONFIGURATION 配置名；

系统的配置，根据不同情况，可分为默认配置、元件配置及结构体配置三种，它们的语法结构基本相同，不同之处仅仅在于其配置说明语句的不同，下面分别加以说明。

（1）默认配置

默认配置是 VHDL 中最简单的一种配置结构，在编写 VHDL 程序的过程中，某些特殊情况下，一个实体说明可以带多个结构体，这时，设计人员可以把实体说明与某一特定的结构体，通过默认配置来组成不同的实体。默认配置的具体格式如下：

CONFIGURATION 配置名 OF 实体名 IS
FOR 结构体名
END FOR；
END CONFIGURATION 配置名；

【例 4-11】半加器的配置实例。

```
LIBRARY IEEE
USE IEEE.STD_LOGIC_1164.ALL;
ENTITY half_adder IS
PORT(a,b:IN STD_LOGIC;
s,c: OUT STD_LOGIC);
     END ENTITY half_adder;
     ARCHITECTURE  RTL OF half_adder IS
     BEGIN
      s<=a XOR b;c<=a AND b;
     END RTL;
```

```
        ARCHITECTURE  STRU  OF half_adder IS
        COMPONENT NAND_2
        PORT(in0,in1: IN STD_LOGIC;
out0:OUT STD_LOGIC);
        END COMPONENT; STD_LOGIC
        SIGNAL  m,n,k: STD_LOGIC;
        BEGIN
        U0:NAND_PORT MAP(a,b,m);
        U1:NAND_PORT MAP(a,m,n);
        U2:NAND_PORT MAP(b,m, k);
        U3:NAND_PORT MAP(n,k,s);
        U4:NAND_PORT MAP(m,n,c);
        END STRU;
        CONFIGURATION ONE OF half_adder IS
        FOR STRU
        END FOR;
        END CONFIGURATION ONE;
        CONFIGURATION TWO OF half_adder IS
        FOR RTL
        END FOR;
        END CONFIGURATION TWO;
```

此例中，将两个结构体 STRU 和 RTL 指定给半加器，第一个配置语句配置名为 ONE，将结构体 STRU 指定给实体 half_adder，半加器用与非门来实现；第二个配置语句配置名为 TWO，将结构体 RTL 指定给实体 half_adder，半加器用与门和异或门来实现。这两个配置语句指定了半加器 half_adder 的两种不同的实现方案。

（2）元件配置

在层次化结构设计中，高层的设计往往需要调用多个其他的元件，利用元件配置语句设计者可以为高层设计中的每个被调用的元件配置一个特定的结构体。在 VHDL 语言中，元件配置分为底层元件配置和实体-结构体对的配置两种，下面分别加以介绍。

① 底层元件配置。底层元件配置是另外一种为高层设计中调用的元件指定具体结构体的方式，通过为底层被调用的元件指定配置方式来确定该底层元件在综合或仿真时所采用的结构体，其具体的语句格式如下：

```
CONFIGURATION 配置名 OF 高层设计实体名 IS
    FOR 选配的结构体名
        FOR 元件例化标号名：元件名 USE CONFIGURATION 库名.配置名;
        END FOR;
     ……
        FOR 元件例化标号名：元件名 USE CONFIGURATION 库名.配置名;
        END FOR;
    END FOR;
END CONFIGURATION 配置名;
```

【例 4-12】全加器是由两个半加器和一个或门构成的，利用底层元件配置，分别为两个半加器指定一种结构体。

```
CONFIGURATION helen OF full_adder IS
   FOR STRUCT
       FOR U0: half_adder  USE CONFIGURATION WORK.TWO;
```

```
            END FOR;
            FOR U1: half_adder  USE CONFIGURATION WORK.ONE;
            END FOR;
        END FOR;
END CONFIGURATION helen;
```
此例中，full_adder 为高层设计全加器的实体名，STRUCT 为全加器设计实体的结构体名，元件标号为 U0 的半加器的结构体为 STRU，元件标号为 U1 的半加器的结构体为 RTL；U0 指定的配置为 TWO，U1 指定的配置为 ONE，half_adder 为 work 库中的元件。

② 实体-结构体对的配置。实体-结构体对的配置是指为设计实体中所引用的所有元件直接指定其设计实体的结构体，其具体的语句格式如下：

```
CONFIGURATION 配置名 OF 高层设计实体名 IS
FOR 选配的结构体名
    FOR 元件例化标号名：底层元件名 ENTITY 库名.实体名（结构体名）；
    END FOR;
    ……
    FOR 元件例化标号名：底层元件名 ENTITY 库名.实体名（结构体名）；
    END FOR;
END FOR;
END CONFIGURATION 配置名;
```

【例 4-13】实体-结构体对的配置（仍以全加器为例）。

```
CONFIGURATION helen OF full_adder IS
FOR STRUCT
    FOR U0: half_adder  USE ENTITY WORK. half_adder(STRU);
    END FOR;
    FOR U1: half_adder  USE ENTITY WORK. half_adder(RTL);
    END FOR;
END FOR;
END CONFIGURATION helen;
```

（3）结构体配置

在 VHDL 语言中，还允许在结构体中说明部分对该结构体中所引用的元件的具体装配（综合或仿真时采用的结构体）进行详细说明，这种配置方式称为结构体配置。结构体配置无独立的标识，因而不能被其他设计单元引用，其具体的语句格式为：

```
FOR 元件例化标号名：元件名 USE ENTITY 库名.实体名（结构体名）；或者
FOR 元件例化标号名：元件名 USE 库名.元件配置名;
```

第5章

VHDL 数据类型与运算操作符

　　VHDL 语言和其他高级语言一样，除了有自己的语法规则外，还定义了多种数据对象，每个数据对象要求指定数据类型，每种数据类型都有特定的物理意义。由于 VHDL 语言是强类型语言，不同语句类型的数据之间不能进行运算和赋值。而作为编程语句的基本单元，VHDL 语言的语言要素反映了其重要的语言特点，正确理解 VHDL 语言的语法规则，熟练掌握 VHDL 语言要素的含义及基本用法，是进行数字系统设计的基础。本章将就这些内容进行详细介绍。

5.1　VHDL 的基本语法规则

　　一个完整的 VHDL 语句由标识符、关键字、名、赋值表达式、界符和注释六部分组成，其语句的格式如下：

[标识符:] 关键字　名　[赋值表达式]　　界符　　注释

下面逐一介绍各部分的内容。

（1）标识符

标识符是程序员为了书写程序所规定的一些词，用来表示常数、变量、信号、子程序、结构体和实体的名称，它是可选项，其构成规则如下：

① 标识符由 26 个英文字母、数字 0~9 及下划线组成；
② 标识符必须以英文字母开头；
③ 可以存在单一下划线，不能使下划线相邻，且其前后都必须有英文字母或数字；
④ 标识符中英文字母不分大小写；
⑤ 不允许使用已经定义的关键字作为标识符；
⑥ 标识符最长可以是 32 个字符。

以下是几种标识符的实例：

合法标识符：loop_1、ANSWER_Q、UFF、START0、Idea。
非法标识符：_loop1、1START、ANSWER__1、sig_#N。

（2）关键字

关键字是语句中的关键内容，具有声明、定义等功能，是语句中必不可少的内容。

（3）名

名是用户给声明或定义的内容起的名称，此项内容也是必不可少的。

（4）赋值表达式

赋值表达式是可选项，它是给语句中声明或定义的各种变量、常量、信号等赋值的表达式。

（5）界符

界符也称语句的分隔符，用分号";"表示，它表示一个完整语句的结束。在 VHDL 语言中，语句书写可以不换行，每个语句的结束都以语句的界符为标志。

（6）注释

注释是可选项，为了增加程序的可读性，通常在语句结束后加上中文注释，注释必须以"——"开头，后面是注释的文字，若一行写不完，要另起一行，仍以"——"开头。

5.2 VHDL 语言的数据对象

在 VHDL 中，数据对象有常量（CONSTANT）、变量（VARIABLE）、信号（SIGNAL）及文件（FILES）四种，前三种数据对象是设计中常用的基本数据对象，都可以进行赋值，只有文件类型的数据对象不能通过赋值来更新内容。文件可以作为参数向子程序传递，也可以通过子程序对文件进行读和写操作。

5.2.1 常量（CONSTANT）

常量就是一个固定的值，它所描述的对象是设计者为某一常量名赋予固定不变的值。常量的赋值一般在程序开始时进行，一旦完成数据类型和数值定义后，在程序中不能再改变，因而具有全局意义。当设计者想要改变这个固定值时，只需要修改常量定义处，然后重新编译程序即可。具体的语言格式如下：

CONSTANT 常量名：数据类型:=表达式；

这里 CONSTANT 是定义常量的关键字；常量名是设计者赋予常量的名称；":="是常量的赋值符号；表达式是常量的值；分号表示语句结束。

在 VHDL 语言中，常量一般用来表示器件规模、数组的位宽及循环操作的次数等。例如：

CONSTANT width:INTEGER:=8; --定义寄存器的宽度为 8
CONSTANT dat: INTEGER:=10; --定义一个整数为 10
CONSTANT delay:TIME:=10ns; --定义延时时间为 10ns

在 VHDL 语言中，常量所定义的数据类型必须与表达式的数据类型保持一致，且有一定的使用规则。具体的使用规则如下：

① 常量必须在程序包、实体、结构体、块、子程序及进程的说明区域内定义。

② 程序包中定义的常量具有最大全局化特征，可以用在调用此程序包的所有设计实体中。

③ 定义在设计实体的某一结构体的常量，则只能用于此结构体。

④ 定义在结构体的某一单元的常量，如一个进程中，则这个常量只能用在这一进程中。

5.2.2 变量（VARIABLE）

在 VHDL 语言中，变量是一个局部量，它是一个在程序中数值可以改变的数据对象，主要用于进程和子程序中进行暂时信息的存储。变量的赋值是一种理想化的数据传输，是立即发生不存在任何延时的行为，而且 VHDL 的语法规则也不支持变量附加延时语句。具体的语句格式如下：

VARIABLE 变量名：数据类型:=初始值；

这里，VARIABLE 是定义变量的关键字；变量名是设计者赋予变量的名称；":="是变量的赋值符号；分号表示语句结束。
例如：
```
VARIABLE a:REAL:=1;              --定义a为实数变量，初值为1
VARIABLE b,c:INTEGER;            --定义b,c为整数型变量，没有设定初始值
VARIABLE y:STD_LOGIC;            --定义y为标准逻辑位变量，没有设定初始值
```
变量定义语句中初始值可以是一个与变量具有相同数据类型的常数值，也可以是一个全局静态表达式，这个表达式的数据类型必须与所赋值变量一致。初始值不是必须的，也可以在定义后再赋值，给变量赋值的格式为：

变量名:=表达式；

5.2.3 信号（SIGNAL）

信号是用来描述设计单元内部信息或数据传输的对象，类似于硬件内部的传输线。信号一般在程序包、实体和结构体中说明使用，不能在进程和子程序中定义信号。信号作为一种数值容器，不但可以容纳当前值，还可以保持历史值，这一属性与触发器的记忆功能有很好的对应关系，只是不必注明信号上数据流动的方向。具体的语句格式如下：

SIGNAL 信号名：数据类型：=初始值；

这里 SIGNAL 是定义信号的关键字；信号名是设计者赋予信号的名称；":="是信号的赋值符号；分号表示语句结束。

例如：
```
SIGNAL count:STD_LOGIC_VECTOR(7 DOWNTO 0);    --定义了一个标准的位矢量信号
SIGNAL y:INTEGER:=1;                          --定义了一个整型信号
```
在 VHDL 语言中，信号初始值的定义并不是必须的，也可以在定义后再赋值，信号赋值的格式为：

信号名<=表达式；

对信号赋初值使用符号":="，这种赋值没有延时；在程序中信号值的代入采用"<="代入符，这种赋值方式允许延时。信号赋值还可以利用关键词 AFTER 来设置，例如a1、a2 都是信号，且 a2 的值经 10ns 延时后才被代入 a1，此时的语句可写为：

a1<= a2 AFTER 10ns;

当然，信号赋值即使没有利用 AFTER 关键词，任何信号赋值也都是有延时的，虽然综合器综合时会忽略所有的延时值，但综合后的功能仿真中，信号赋值时也是存在一个最小延时的，这是为了使信号传输符合实际的逻辑顺序。

在上节变量的介绍中，我们知道在变量的赋值语句中，该语句一旦被执行，其值立即被赋予变量，在执行下一条语句时，该变量的值就为上一句新赋的值。而信号的代入语句采用"<="代入符，该语句即使被执行也不会使信号立即发生代入，下一条语句执行时，仍使用原来的信号值。由于信号代入语句是同时进行处理的，因此，实际代入过程和代入语句的处理是分开的。

【例5-1】代入语句实例
```
……
SIGNAL a,b,c,d:INTEGER;
……
P1:PROCESS(a,b,c,d) IS
  BEGIN
```

```
    d<=a;
    x<=b+d;
    d<=c;
    y=b+d;
 END PROCESS P1;
```
在此例中，对信号 d 进行了两次赋值，这种情况下只有最后一次赋值语句有效，进行赋值操作，所以程序执行的结果为：x=b+c;y=b+c。

5.2.4 文件（FILES）

在 VHDL 语言中，文件是传输大量数据的数据对象，实际上是变量对象的一些结合，在系统仿真测试时，输入激励数据及仿真结果的输出都要用文件来实现。文件对象不能通过赋值来改变内容，主要是通过一些在输入/输出包集合（TEXTIO）中定义好的过程如 READ、WRITE、ENDFILE、FILE_OPEN、FILE_CLOSE 等实现。TEXTIO 按行对文件进行处理，一行为一个字符串，并以回车、换行符作为结束符。

文件对象定义的语句：

FILE 文件名：表达式

文件名是设计者为文件对象添加的标识符；表达式是关于数据对象的行为描述，可进行读、写、可读/可写模式等。

例如：
```
FILE inv:TEXT IS IN "bin.in";                            --输入文件为 bin.in
FILE results_1: TEXT open WRITE_MODE IS "restlts1.txt";  --写文件 restlts1.txt
```

5.3 VHDL 语言的数据类型

在 VHDL 语言中，常量、变量、信号及文件都要指定数据类型，VHDL 中有多种数据类型，并且允许用户自定义数据类型。VHDL 是一种强类型语言，要求每一个数据对象必须具有确定的唯一的数据类型，而且只有数据类型相同的量才能相互传递和作用。为了熟练地使用 VHDL 编写程序，必须很好地理解各种数据类型的定义。在 VHDL 语言中，有预定义、用户自定义、类型转换等数据类型。

5.3.1 预定义的数据类型

预定义的数据类型是设计中常用的基本数据类型，已经在 VHDL 的标准程序包 STANDARD、IEEE 标准程序包 STD_LOGIC_1164 及其他的标准程序包中进行了定义，可以在程序中直接使用。它主要分为整数类型（INTEGER）、实数类型（REAL）、字符类型（CHARACTER）、字符串类型（STRING）、位类型（BIT）、位矢量类型（BIT_VECTOR）、布尔类型（BOOLEAN）、标准逻辑位类型（STD_LOGIC）、标准逻辑位矢量类型（STD_LOGIC_VECTOR）、时间类型（TIME）及错误等级类型（SEVERITY LEVEL）。下面分别加以介绍：

（1）整数类型（INTEGER）

整数类型与数学中的整数相似，整数类型的数据包括正整数、负整数和零。在 VHDL 语言中，整数的范围为 -2 147 483 647～2 147 483 647，即 $-(2^{31}-1) \sim (2^{31}-1)$。在实际应用，

VHDL 仿真器通常将整数（INTEGER）类型作为有符号处理，而 VHDL 综合器则将其作为无符号数处理。在使用整数时，VHDL 综合器要求用 RANGE 或 SUBTYPE 为所定义的数限定范围，然后根据限定的范围来决定表示此信号或变量的二进制位数，因为综合器无法综合未限定的整数类型的信号或变量。

整数类型描述如下：

```
10E4                                    --十进制整数10 000
16#E2#                                  --十六进制整数E2
2#1001110#                              --二进制整数1001110
8#1234567#                              --八进制整数1234567
SIGNAL a:INTEGER RANGE 0 TO 255;        --范围0～255
VARIABLE a:INTEGER:=5;                  --值为5
SUBTYPE POSITIVE IS INTEGER RANGE 1 TO 15;  --正整数范围为1～15
SUBTYPE NATURALF IS INTEGER RANGE 0 TO 15;  --正整数范围为0～15
```

（2）实数类型（REAL）

实数类型也称浮点数类型，实数的取值范围为-1.0E38～1.0E38。VHDL 综合器不支持实数类型，因为实数类型的硬件实现非常复杂，在综合时将实数转换成相应大小的整数，然后将正整数编码为二进制源码，将负整数编码为二进制补码。实数类型只能被 VHDL 仿真器接受，作为有符号数处理。

实数有两种书写格式，小数形式和科学记数形式，不能写成整数形式。与整数类型一样，也可用 RANGE 或 SUBTYPE 为所定义的实数限定范围。

实数类型描述如下：

```
SUBTYPE RE1  IS REAL  RANGE -1.2 TO +1.5;   --实数范围为-1.2～+1.5
VARIABLE a:REAL:=1.3;                        --实数a为1.3
```

（3）字符类型（CHARACTER）

字符也是一种数据类型，在 VHDL 的 STANDARD 程序包中，预定义了 128 个 ASCII 码字符类型，字符类型用单引号括起来。VHDL 标识符不分大小写，但是对字符量中的大小写字符则认为是不一样的，例如'A'与'a'是不同的。字符量中的字符可以是 a～z 中的任一个字母、0～9 中的任一个数字及空格或者特殊符号，如$、@、%等。

字符类型的描述如下：

```
VARIBALE inv :CHARACTER:= 'C';           --字符类型变量C
```

（4）字符串类型（STRING）

字符串也称字符矢量或字符串数组，是由双引号括起来的字符序列，常用于程序的提示和说明。

字符串类型的描述如下：

```
CONSTANT a:STRING:= "HELLO";            --常量a为字符串"HELLO"
VARIABLE b:STRING:= "BYE";              --变量b为字符串"BYE"
```

（5）位类型（BIT）

位数据类型也属于枚举类型，取值只能为"0"或"1"。位数据类型的数据对象为信号或变量，它们可以参与逻辑运算或算术运算，其结果的数据类型仍为位类型，且其值一定要用单引号括起来。

位类型的描述如下：

```
VARIABLE a,b:BIT;                        --位变量
y<=(a AND b) XOR(a OR b);                --位变量的操作
```

```
a<= '1' ;                                               --a 为'1'
```

(6) 位矢量类型（BIT_VECTOR）

位矢量是基于位类型的数据类型，是由位类型数据元素构成的数组，在使用时要注明数组长度和方向，且位向量的值要用双引号括起来。

位矢量类型的描述如下：

```
VARIABLE a,b:BIT_VECTOR(3 DOWNTO 0);            --4 位位矢量
a<= "1011" ;                                     --a 为"1011"
```

在 VHDL 语言中，在信号或变量的向量定义中，经常用到关键词"TO"和"DOWNTO"，它们是表示信号或变量宽度的关键，要特别注意二者的方向。

例如：

```
……
SIGNAL a:BIT_VECTOR (0 TO 3);
SIGNAL b:BIT_VECTOR (3 DOWNTO 0);
……
a<="1011";
b<="1011";
```

此例中 a,b 都是 4 位向量，a 赋值为"1011"，由于用的关键字是 TO，所以最高位为最右边的一位，值为 1；而 b 的赋值也为"1011"，但用的关键字是 DOWNTO，所以最左边的一位为最高位，值也为 1。

(7) 布尔类型（BOOLEAN）

布尔数据类型是一个二值枚举型数据类型，它的取值有 FALSE（假）和 TRUE（真）两种，布尔量没有数值含义，不能进行算术运算，但可以进行关系运算。

例如：

对于 IF 语句中的关系运算表达式（x>y），当满足 x>y 时，表达式结果为布尔量 TRUE，综合器将其变为信号"1"。

VHDL 语言的综合器用一位二进制来表示一个布尔型变量或信号，它和位数据之间可以进行转换。

(8) 标准逻辑位类型（STD_LOGIC）

标准逻辑位类型是对标准位数据类型（BIT）的扩展，在 IEEE 库的 STD_LOGIC_1164 程序包中，预定义的标准逻辑位有 9 种取值：U（未初始化）、X（强未知的）、0（强 0）、1（强 1）、Z（高阻态）、W（弱未知的）、L（弱 0）、H（弱 1）、-（忽略）。VHDL 仿真器支持所有这 9 种取值，但是在综合中能实现的取值只有 4 种，0、1、-和 Z。这里要注意的是逻辑位数据类型的值要用''括起来。

例如：

```
……
SIGNAL a:STD_LOGIC;
……
a<='1';
```

标准逻辑位类型是在 IEEE 库的 STD_LOGIC_1164 程序包中定义的，使用逻辑标准位类型必须在程序的开头声明这个程序包。

例如：LIBRARY IEEE
　　　　USE IEEE.STD_LOGIC_1164.ALL;

(9)标准逻辑位矢量类型(STD_LOGIC_VECTOR)

标准逻辑位矢量是基于标准逻辑位类型的数据类型,它是由标准逻辑位类型数据元素构成的数组,在使用时要注明数组长度和方向。同标准位类型一样,在使用时要在程序的开头声明 STD_LOGIC_1164 程序包。

标准逻辑位矢量的描述如下:
```
SIGNAL a:STD_LOGIC_VECTOR(0 TO 3);
a<="1011";
```
这里要注意的是逻辑向量的值要用""括起来。

(10)时间类型(TIME)

时间是 VHDL 中唯一预定义的物理量。完整的时间类型包括整数和物理量单位量部分,且二者之间至少留有一个空格。预定义的时间类型的量纲有飞秒 fs(10^{-15}s)、皮秒 ps(10^{-12}s)、纳秒 ns(10^{-9}s)、微秒μs(10^{-6}s)、毫秒 ms(10^{-3}s)、秒 sec(s)、分 min(min)、时 hr(h)。

时间类型的描述如下:
```
CONSTANT deay:TIME:=10ns;   --延时时间为 10 ns
```
系统仿真时,利用时间类型数据表示信号延时,使模型更接近实际系统的运行环境。

(11)错误等级类型(SEVERITY LEVEL)

错误等级类型用来表征系统的 NOTE(注意)、WARNING(警告)、ERROR(出错)、FAILURE(失败)四种状态。系统仿真过程中,根据这 4 种状态判断系统当前的工作情况,并根据系统的不同状态采取相应的对策。

5.3.2 用户自定义数据类型

在 VHDL 语言中,用户可以根据设计需要自己定义数据类型。用户可以定义的数据类型有:枚举类型(ENUMERATED)、整数类型(INTEGER)、数组类型(ARRAY)、存取类型(ACCESS)、文件类型(FILE)、记录类型(RECORD)、时间类型(TIME)及实数类型(REAL)。

用户自定义数据类型是用类型定义语句 TYPE 和子类型定义语句 SUBTYPE 实现的。这两种语句的格式如下。

TYPE 语句的格式:
```
TYPE 数据类型名 IS 数据类型定义 [OF 基本数据类型];
```
TYPE 是关键词;数据类型名是设计者自定的名字;数据类型定义部分用来描述所定义的数据类型的表达方式和内容;OF 后的基本数据类型指数据类型定义中所定义的元素的基本数据类型,一般都是取已有的预定义的数据类型。

例如:TYPE index IS RANGE 0 TO 15 OF STD_LOGIC;

SUBTYPE 语句格式:
```
SUBTYPE 子类型名 IS  基本数据 RANGE 约束范围;
```
SUBTYPE 是关键词;子类型名是由 TYPE 定义的原数据类型的子集;基本数据是 TYPE 定义的类型。

例如:SUBTYPE NATURALF IS INTEGER RANGE 0 TO 15;

子类型的定义只在基本数据类型上作约束,并没有定义新的数据类型。子类型定义中的基本数据类型必须是前面已通过 TYPE 定义的类型。

下面详细介绍常用的几种用户定义的数据类型:

（1）枚举类型（ENUMERATED）

枚举是 VHDL 中一种特殊的数据类型，它是用文字符号来表示一组实际的二进制数的类型，可以由用户自行定义的数据类型。

枚举数据类型的描述语句如下：

`TYPE 数据类型名 IS（枚举值）；`

枚举类型在状态机中广泛应用，设计者为了阅读和调试方便，常将表征每一状态的二进制数组用文字符号来表示，这样在仿真观测信号时可以直接用符号名，方便识别。

例如：定义一个 week 的数据类型用来表示一周七天。

`TYPE week IS(sun,mon,tue,wed,thu,fri,sat);`

（2）整数类型（INTEGER）和实数类型（REAL）

整数和实数类型在标准的程序包中已经定义，但在实际应用中，尤其是综合时，整数和实数类型的取值定义范围太大，综合器无法进行综合。因此，定义为整数和实数的数据对象的具体的数据类型必须由用户根据实际需要重新定义，并限定其取值范围，以便为综合器所接受，从而提高芯片的利用率。

整数或实数类型的描述语句如下：

`TYPE 数据类型名 IS 数据类型定义约束范围；`

例如：

`TYPE digit IS INTEGER RANGE 0 TO 9;`
`TYPE current IS REAL RANGE -1E2 TO 1E2;`

（3）数组类型（ARRAY）

数组类型属于复合类型，是将相同类型的数据集合在一起，作为一个数据对象来处理的数据类型。它可以是一维的，也可以是多维的，VHDL 仿真器支持多维数组，但综合器只支持一维数组。数组在总线定义及 ROM、RAM 等的系统模型中使用，数组类型的描述语句如下：

`TYPE 数据类型名 IS ARRAY 范围 OF 数组元素的数据类型；`

数组类型名为设计者自己定义的数据类型名称；范围决定了数组中元素的个数及元素的排序方向。限定性数组的范围用整数来指定，可以采用增量方式（TO）或减量方式（DOWN TO）。

例如：

`TYPE word IS ARRAY（INTEGER 1 TO 8 ）OF STD_LOGIC;`
`TYPE insflag IS ARRAY （instruction ADD TO SRF）OF digit;`

若范围这一项没有被指定，则使用整数数据类型，数据类型可以省略。

例如：

`TYPE word IS ARRAY（1 TO 8 ）OF STD_LOGIC;`

（4）存取类型（ACCESS）

存取类型又叫寻址类型，它实际上是指针类型，用来在对象之间建立联系，或者给新对象分配或释放存储空间。存取类型仅变量需要说明，按存储类型的性质，它们只能用于顺序进程中，而且，存储类型目前不能综合，只能用于仿真。

例如：`TYPE line   IS ACCESS string;` --变量名为 line 的值的指针为 string 字符串值的指针

（5）记录类型（RECORD）

记录类型是将不同类型的数据集合在一起构成的新的复合数据类型。而数组是同一数据类型集合形成的，二者是有本质区别的。记录中的各个元素的数据类型可以是基本数据类型，也可以是其他复合类型。用记录描述 SCSI 总线及通信协议比较方便，在生成逻辑电路时应将记录数据类型分解开来，因此，它比较适合系统仿真。

记录类型的描述语句如下：

```
TYPE 记录类型名 IS RECORD
    元素名：数据类型名；
    元素名：数据类型名；
    ……
END RECORD;
```

记录类型名是设计者自己定义的数据类型名，声明语句中的数据类型为 VHDL 预定义的类型或设计者已经定义好的数据类型。

例如：

```
  TYPE day IS (yesterday,today,tomorrow);
  TYPE instruction IS RECORD
    oxcode :day;
    src:INTEGER;
    dst:INTEGER;
    addr1:STD_LOGIC_VECTOR（0 TO 7）;
END RECORD;
```

（6）时间类型（TIME）

时间类型是系统仿真时必不可少的数据类型，其具体的描述语句如下：

```
TYPE 数据类型名 IS 范围;
    UNITS 基本单位;
      单位;
END UNITS;
```

例如：

```
TYPE time IS RANGE -1E18 TO 1E18;
    UNITS fs;                --基本单位为飞秒
    ps=1000fs;
    ns=1000ps;
    μs=1000ns;
    ms=1000μs;
    sec=1000ms;
    min=60sec;
    hr=60min;
END UNITS;
```

5.3.3 数据类型的转换

在 VHDL 语言中，数据类型的定义是非常严格的，不同类型的数据是不能进行代入和运算的，即使数据类型相同，数据长度不同也不能代入。为了进行正确的代入操作，必须将要代入的数据进行类型变换即类型转换。实现它们之间数据类型的转换有三种方法：类型标记法、函数法及常数转换法。

（1）类型标记法实现类型转换

类型标记就是数据类型的名称，只能用于关系密切的类型之间进行类型转换，即整数和实数的类型转换。

例如：

```
VARIABLE x:INTEGER;
```

```
VARIABLE y:REAL;
x=INTEGER(y);
y=REAL(x);
```
该例中，将实数 y 转换成整数时，会发生误差，结果是一个最接近的整数。

在用类型标记法实现数据类型转换时，有以下三点注意事项：

① 类型和其子类型之间不需要类型转换。

② 枚举类型不能使用类型标记的方式转换。

③ 数组类型之间要采用类型标记进行转换，要求数组维数相同，且数组元素的数据类型也相同，且数组的下标范围由作为类型标记的数组类型决定，与它保持一致。

此外，程序包 NUMERIC_BIT 中定义了有符号数 SIGNED 和无符号数 UNSIGNED，与位矢量 BIT_VECTOR 关系密切，可用类型标记法进行转换；程序包 NUMERIC_STD 中定义的有符号数 SIGNED 和无符号数 UNSIGNED 与 STD_LOGIC_VECTOR 相近，可用类型标记法进行类型转换。

（2）常数转换法实现类型转换

就模拟效率而言，利用常数实现类型转换比利用类型转换函数的效率更高。

例如：

```
LIBRARY IEEE
 USE IEEE.STD_LOGIC_1164.ALL;
 ENTITY typeconv IS
 END;
 ARCHITECTURE arch OF typeconv IS
   TYPE typeconv_type IS ARRAY(STD_ULOGIC) OF BIT;
   CONSTANT typecov_con: typeconv_type:=('0'/'L'=>'0', '1'/'H'=>'1',OTHERS=>'0');
   SIGNAL b:BIT;
   SIGNAL s: STD_ULOGIC;
 BEGIN
    b<= typecov_con(s);
END;
```

（3）函数法实现类型转换

在 VHDL 语言中，函数可以用来实现类型转换。有三种程序包 STD_LOGIC_1164、NUMERIC_BIT 及 NUMERIC_STD 提供了转换函数，每种程序包的转换函数也不一样。STD_LOGCI_UNSIGNED 提供了 CONV_INTEGER(A)转换函数，将 STD_LOGIC_VECTOR 类型转换为 INTEGER;STD_LOGIC_ARITH 程序包提供了 CONV_STD_LOGIC_VECTOR(A) 函数，把 INTEGER、SIGNED、UNSIGNED 转换为 STD_LOGIC_VECTOR 及 CONV_INTEGER(A)函数，把 SIGNED、UNSIGNED 类型转换为 INTEGER；STD_LOGIC_1164 包也提供了 TO_STDLOGICVECTOR(A)函数，把 BIT_VECTOR 转换为 STD_LOGIC_VECTOR，TO_BITVECTOR(A)函数把 STD_LOGIC_VECTOR 转换为 BIT_VECTOR，TO_STDLOGIC(A)函数把 BIT 转换为 STD_LOGIC，TO_BIT(A)函数把 STD_LOGIC 转换为 BIT。

例如：

```
LIBRARY IEEE
USE IEEE.STD_LOGIC_1164.ALL;
SIGNAL a,c:BIT_VECTOR(0 TO 3);
```

```
SIGNAL b:STD_LOGIC_VECTOR(0 TO 3);
a<="1001";
b<=TO_STD_LOGIC_VECTOR(c);          --把信号变量 c 转换成标准逻辑位矢量类型。
```

5.4　VHDL 语言的操作符

与传统的程序设计语言一样，VHDL 语言的表达式也是由运算符和各种运算对象连接而成的。这里所说的运算符也称为操作符，运算对象也称为操作数。操作符和操作数相结合，就构成了 VHDL 语言的表达式。VHDL 语言的操作符主要有算术操作符、关系操作符、逻辑操作符和符号操作运算符等。各操作符之间是有优先级别的，逻辑操作符 NOT 的优先级别最高。表 5-1 列出了 VHDL 语言的操作符及操作符的优先级。

表 5-1　VHDL 语言的操作符及操作符的优先级

运算符类型	操作符	功能	操作数数据类型	优先级
逻辑运算符	AND	逻辑与	BIT、BOOLEAN、STD_LOGIC	低
	OR	逻辑或	BIT、BOOLEAN、STD_LOGIC	
	NAND	逻辑与非	BIT、BOOLEAN、STD_LOGIC	
	NOR	逻辑或非	BIT、BOOLEAN、STD_LOGIC	
	XOR	逻辑异或	BIT、BOOLEAN、STD_LOGIC	
	NXOR	逻辑异或非	BIT、BOOLEAN、STD_LOGIC	
关系运算符	=	等于	任何数据类型	↓
	/=	不等于	任何数据类型	
	<	小于	枚举及整数类型及对应的一维数组	
	>	大于	枚举及整数类型及对应的一维数组	
	<=	小于等于	枚举及整数类型及对应的一维数组	
	>=	大于等于	枚举及整数类型及对应的一维数组	
移位运算符	SLL	逻辑左移	BIT 或布尔型一维数组	↓
	SLA	算术左移	BIT 或布尔型一维数组	
	SRL	逻辑右移	BIT 或布尔型一维数组	
	SRA	算术右移	BIT 或布尔型一维数组	
	ROL	逻辑循环左移	BIT 或布尔型一维数组	
	ROR	逻辑循环右移	BIT 或布尔型一维数组	
符号运算符	+	正	整数	
	−	负	整数	
算术运算符	+	加	整数	高
	−	减	整数	
	&	并置	一维数组	
	*	乘	整数和实数（包括浮点数）	
	/	除	整数和实数（包括浮点数）	
	MOD	取模	整数	
	REM	取余	整数	
	**	乘方	整数	
	ABS	取绝对值	整数	
逻辑非运算符	NOT	非	BIT、BOOLEAN、STD_LOGIC	

5.4.1 逻辑操作符

在 VHDL 语言中，定义了 7 种基本的逻辑运算符，它们分别是 AND（与）、OR（或）、NOT（非）、NAND（与非）、NOR（或非）、XOR（异或）及 NXOR（异或非）等。逻辑运算符的功能是对操作数进行逻辑运算。逻辑表达式由逻辑运算符和操作数组成，VHDL 标准逻辑运算符允许的操作数类型有 BIT（位类型）、BOOLEAN（布尔类型）及 STD_LOGIC（标准逻辑位类型），也可以是一维数组类型 BIT_VECTOT 和 STD_LOGIC_VECTOR，要求运算符两边的操作数的数据类型相同、位宽相同，逻辑运算表达式的结果数据类型与操作数数据类型相同。

一般来说，当一个逻辑表达式中有不同的运算符或当一个表达式中有多于两个除了 AND、OR 及 XOR 以外的运算符时，必须使用括号对运算符进行分组且先算括号内的，再算括号外的运算。若一个逻辑表达式只有 AND、OR 及 XOR 中的一种运算符，改变运算顺序将不会改变运算结果，此时括号可以省略。

例如：
```
SIGNAL a,b,c,d,e:STD_LOGIC_VECTOR( 0 TO 5);
SIGNALw, x,y,z:STD_LOGIC;
a<=(b NAND c)OR (d NAND e);    --操作符不同，必须加括号
a<=b AND c AND d;              --操作符相同，括号省略
w<=(y AND z) OR x;             --操作符不同，必须加括号
x<=(a AND b) XOR c;            --数据类型不同，表达式错误
```

5.4.2 算术操作符

在 VHDL 语言中，算术运算符分求和运算符（Adding operator）、求积运算符（Multiplying operator）、符号操作符（Sign operator）、移位操作符（Shift operator）及其他操作符。

（1）求和操作符（Adding operator）

求和操作符包括+（加）、-（减）及&（并置操作符），加减运算符的规则和常规的加减法是一致的，加法和减法的操作数可以是任意的数值型数据，结果的数据类型与操作数相同。

并置操作符&的操作数的数据类型为一维数组，可以利用并置符将普通操作数或数组组合起来形成各种新的数组。在应用中要注意并置操作后数组的长度，应与赋值对象数组的长度保持一致。

例如：
```
SIGNAL a,b:STD_LOGIC_VECTOR(0 TO 4);
SIGNAL c,d,e:STD_LOGIC_VECTOR(0 TO 2);
SIGNAL x,y,z:STD_LOGIC;
a<=NOT c & d;                  --并置后长度为6
b<=NOT e & x;                  --并置后长度为3
IF a&b="10110101" THEN….       --IF 语句中使用并置符
```

（2）求积操作符（Multiplying operator）

求积操作符包括 *（算术乘）、/（算术除）、MOD（取模）及 REM（取余）等 4 种操作符。

乘除的数据类型为整数和实数（包括浮点数），结果的数据类型与操作数相同。在一定

条件下，还可对物理类型的数据对象进行运算操作，结果的数据类型为物理类型。操作符 MOD 和 REM 的本质与除法操作符是一样的，因此可综合的取模和取余的操作数必须是以 2 为底的幂。MOD 和 REM 操作数数据类型只能是整数，结果也为整数。

（3）符号操作符（Sign operator）

符号操作符包括+（正号）和-（负号）操作符，符号操作符的操作数只有一个，操作数的数据类型为整数。+（正号）不改变原操作数，而-（负号）则是对原操作数取负。

（4）移位操作符（Shift operator）

在 VHDL 语言中，移位操作符主要有 6 种：SLL（逻辑左移）、SRL（逻辑右移）、SLA（算术左移）、SRA（算术右移）、ROL （循环左移）及 ROR（循环右移）。移位操作符的左操作数的数据类型为一维数组，并要求数组中的数据类型必须是 BIT 或 BOOLEAN，右操作数为整型数据，移位的位数为整数，返回的结果值数据类型与左操作数相同。

移位操作符的语句格式为：

标识符　　移位操作符　　移位位数；

这里需要注意的是在用 SLL 和 SRL 进行移位时，空缺位补 0；SLA 和 SRA 移位时，空缺位用当前位补位；ROL 和 ROR 移位时，用移出位代替空缺位。

例如：

```
SIGNAL a:BIT_VECTOR:= "1011";
SIGNAL b:BIT_VECTOR:= "1010";
a SLL 1;              --a 逻辑左移一位，空位补 0，a= "0110"
b SRL 2;              --b 逻辑右移两位，空位补 0，b= "0010"
a SLA 1;              --a 算术左移一位，当前位补空位，a= "0111"
b SRA 2;              --b 算术右移两位，当前位补空位，b= "1010"
a ROL 1;              --a 循环左移一位，移出位代替空缺位，a= "0111"
b ROR 2;              --b 循环右移两位，移出位代替空缺位，b= "1010"
```

（5）其他操作符

其他操作符有＊＊（乘方操作符）、ABS（绝对值操作符）两种，其操作数数据类型为整数类型。乘方运算的左边可以是整数或浮点数，但右边必须为整数，而且只有左边为浮点数时，其右边才可以是负数。一般地，VHDL 语言综合器要求乘方操作符作用的操作数的底数必须是 2。

5.4.3　关系操作符

VHDL 语言的关系操作符有 6 种，它们分别是：=（等于）、/=（不等于）、<（小于）、>（大于）、<=（小于等于）及>=（大于等于）。关系操作符用于对两个具有相同数据类型的数据对象进行比较运算，关系运算表达式的结果数据类型为布尔类型，即只有 TRUE 和 FALSE 两种结果。

VHDL 规定，=（等于）和/=（不等于）操作符的操作对象可以是 VHDL 中的任何数据类型构成的操作数；对于数组或记录类型的操作数，VHDL 编译器将逐位比较对应位置各值的大小，只有当等号两边数据中的每一对应位全部相等时才返回 BOOLEAN 结果 TRUE；对于不等号的比较，等号两边数据中任一元素不等则判为不等，返回值为 TURE。<（小于）、>（大于）、<= （小于等于）及>=（大于等于）可用于整数、实数、枚举类型及由这些类型元素构成的一维数组。

进行关系运算时，要求左右操作数的数据类型相同，但位长度可以不同。两个数组的排序判断是通过从左至右逐一对元素进行比较来决定的，在比较过程中，并不管原数组的下标定义顺序，即不管是 DOWN TO 还是 TO，在比较过程中，如发现有一对元素不等，就确定了这组数组的排列情况。

例如：

```
'1'= '1';              --结果为 TRUE
'1010'< '1100';        --结果为 TRUE
'1'> '011';            --结果为 TRUE
'1100'< '1101';        --结果为 TRUE
```

第6章
VHDL的主要描述语句

用 VHDL 语言进行程序设计时，按描述语句的执行顺序可分为顺序（Sequential）描述语句和并发（Concurrent）描述语句。本章将针对这两类基本描述语句进行介绍。具体采用的方法是首先给出语句含义解释，然后通过一些简单而又典型的 VHDL 设计示例对该语句进行进一步说明，从而简化 VHDL 语法学习的难度。

6.1 顺序描述语句

顺序描述语句（Sequential Statements）是相对于并行描述语句而言的，是指完全按照程序中书写的顺序执行各语句。顺序描述语句具有两个特点：一是每一条顺序描述语句的执行顺序要与其书写顺序基本一致；二是只能出现在进程或者子程序中，由它定义进程或子程序所执行的算法。

注意：这里的顺序是从仿真软件的运行和顺应 VHDL 语法的编程逻辑思路而言的，其相应的硬件逻辑工作方式未必如此。

在 VHDL 中有以下几类顺序描述语句：WAIT 语句；断言语句；信号代入语句；变量赋值语句；IF 语句；CASE 语句；LOOP 语句；NEXT 语句；EXIT 语句；过程调用语句；NULL 语句。

6.1.1 变量赋值语句

变量赋值语句的功能是将目标变量的值由赋值表达式所表达的新值替代。要求两者的类型必须相同。

变量赋值语句的书写格式为：

变量赋值目标:=赋值表达式；

【例6-1】
```
VARIABLE s: BIT := '0';
PROCESS(s)
VARIABLE count: INTEGER := '0';    --变量说明
    BEGIN
    Count :=s+1;                    --变量赋值
END PROCESS;
```

注意：这里的变量值类似于一般高级语言的局部变量，只能在进程或子程序中使用，无法传递到进程之外。1993 版引入了共享变量，共享变量可以在全局范围内使用。

6.1.2 信号赋值语句

在 VHDL 语言中，用符号"<="为信号赋值。信号赋值语句的书写格式为：

目的信号量<=信号量表达式；

该语句表明：将右边信号量表达式的值赋予左边的目的信号量，要求"<="两边的信号量类型和位长度一致。

例如：

a<=b;

该语句表示将信号量 b 的当前值赋予目的信号量 a。

例如：

s<=a NOR (b AND c);

该语句表明，三个敏感量 a，b，c 中任意一个发生变化，该语句都将被执行。

注意：

① 代入语句的符号"<="和关系操作的小于等于符号"<="是同一个符号，在实际应用中要正确判别不同的操作关系，应注意上下文的含义和说明。

② 在同一进程中，同一信号赋值目标有多个赋值源时，信号赋值目标获得的是最后一个赋值源的值，其前面相同的赋值目标不做任何变化。

6.1.3 WAIT 语句

进程在仿真运行中处于执行或挂起两个状态之一。当进程执行到 WAIT（等待）语句时，运行程序将被挂起，并设置好再次执行的条件，直到满足此语句设置的结束挂起条件后，才会重新开始执行程序。WAIT 语句可以设置四种不同的条件：

```
WAIT;                    --第一种语句格式（永远挂起）
WAIT ON 信号表;          --第二种语句格式（信号发生变化将结束挂起）
WAIT UNTIL 条件表达式；  --第三种语句格式（条件表达式中的信号发生变化且满足条件时结束挂起）
WAIT FOR 时间表达式      --第四种语句格式（时间到结束挂起）
```

注意：这几类 WAIT 语句可以混合使用。

（1）WAIT 语句

这种形式的 WAIT 语句在关键字"WAIT"后面未设置停止挂起的条件表达式，是无限等待的情况，表示永远挂起。

（2）WAIT ON 语句

WAIT ON 语句称为敏感信号等待语句，WAIT ON 语句后面跟着信号表，在信号表中列出的信号是等待语句的敏感信号。当进程处于等待状态时，敏感信号的任何变化将结束挂起，再次启动进程。WAIT ON 语句完整书写格式如下：

```
WAIT ON 信号 [, 信号];
```

【例 6-2】

（A）
```
PROCESS
BEGIN
y<=a AND b;
WAIT ON a,b;            --a,b 任意一个信号发生变化时，进程将重新启动
END PROCESS;
```

（B）
```
PROCESS (a,b)
BEGIN
y<=a AND b;
END PROCESS;
```
在例 6-2 中，在执行了所有的语句后，进程将在 WAIT 语句处被挂起，直到 a 或 b 的中任意一个信号发生变化时，进程才被重新启动。其中（A）与（B）是等价的。

注意：如果 PROCESS 语句已有敏感信号量说明，那么在进程中不能使用任何形式的 WAIT 语句。

（3）WAIT UNTIL 语句

WAIT UNTIL 语句称为条件等待语句。这种形式的 WAIT 语句使进程暂停，直到预期的条件为真。WAIT UNTIL 语句后面跟的是布尔表达式，在布尔表达式中隐式地建立一个敏感信号量表，当表中任何一个信号量发生变化时，立即对表达式进行一次评估。如果其结果使表达式返回一个"真"值，则进程脱离挂起状态，继续执行下面的语句。即当进程顺序满足以下两个条件时，进程重新启动。

① 条件表达式中所包含的任意一个信号发生变化；
② 该信号发生变化后满足 WAIT UNTIL 语句所设的条件。

这两个条件缺一不可，且必须按照上述顺序来完成。

WAIT UNTIL 语句有以下四种表达方式：
```
WAIT UNTIL rising_edge（信号）;
WAIT UNTIL 信号=VALUE;
WAIT UNTIL 信号' EVENT AND 信号=VALUE;
WAIT UNTIL NOT 信号' STABLE AND 信号=VALUE;
```
例如：
```
WAIT UNTIL clock='1';
WAIT UNTIL rising_edge (clk);
WAIT UNTIL clk' EVENT AND clk='1';
WAIT UNTIL NOT clk' STABLE AND clk='1';
```
以上四条语句所设的进程启动条件均为时钟上跳沿，它们所对应的硬件结构是一样的。一般地，在一个进程中使用了 WAIT 语句后，综合器会综合产生时序逻辑电路。时序逻辑电路的运行依赖 WAIT UNTIL 表达式的条件，同时还具有数据存储的功能。

【例 6-3】
```
……
WAIT UNTIL ((a*10)<100);
……
```
在例 6-3 中，当信号量 a 的值大于或等于 10 时，进程执行到该语句将被挂起；当 a 的值小于 10 时，结束挂起，进程再次被启动。

（4）WAIT FOR 语句

WAIT FOR 语句称为超时等待语句，其书写格式为：
```
WAIT FOR 时间表达式;
```
WAIT FOR 语句后面跟的是时间表达式（时间段），当进程执行到该语句时将被挂起，直到指定的等待时间到时，进程再开始执行 WAIT FOR 语句后继的语句。例如：
```
WAIT FOR 40 ns;
```

在该语句中,时间表达式为常数 40ns,当进程执行到该语句时,将等待 40ns,经过 40ns 后,进程执行 WAIT FOR 的后继语句。例如:
```
WAIT FOR (a* (b+c));
```
在上述语句中,"a*(b+c)"是时间表达式。WAIT FOR 语句在执行时,首先计算表达式的值,然后将计算结果返回作为该语句的等待时间。例如,a=2,b=50ns,c=70ns。那么"WAIT FOR(a* (b+c))"这个语句将等待 240ns,也就是说,该语句与"WAIT FOR 240ns"是等价的。

注意:在设计的程序模块中,等待语句所等待的条件在实际执行时不能保证一定会碰到。在这种情况下,等待语句通常要加一项超时等待项,以防止该等待语句进入无限期的等待状态。

6.1.4 IF 语句

IF 语句的作用是根据指定的条件来确定语句的执行顺序。IF 语句可用于选择器、比较器、编码器、译码器、状态机等的设计,是 VHDL 语言中最常用的语句之一。IF 语句的书写格式通常可以分成以下 4 种类型。

(1)门闩控制语句

用作门闩控制的 IF 语句的书写格式为:
```
IF 条件 THEN
 顺序处理语句
END IF;
```
当程序执行到该门闩控制语句时,首先要判断该语句所指定的条件是否为真,如果条件为真,于是(THEN)程序继续执行 IF 语句所包含的顺序处理语句,直到 END IF,即执行完全部 IF 语句;如果条件为假,程序将跳过 IF 语句所包含的顺序处理语句不予执行,直接结束 IF 语句的执行。这是一种非完整性条件语句,通常用于产生时序电路。

【例 6-4】IF 语句的门闩控制示例。
```
IF(a>b)THEN
c<='1';
END IF;
```
该 IF 语句所描述的是一个门闩电路。a 是门闩控制信号量;b 是输入信号量;c 是输出信号量。当门闩控制信号量 a>b 时,输出信号量 c 将被赋值为'1'。当"a<=b"时,"c<='1'"语句不被执行,输出量 c 将维持原始值。

这种描述经逻辑综合实际上可以生成 D 触发器。

【例 6-5】D 触发器的 VHDL 描述。
```
LIBRARY IEEE;
USE IEEE. STD_LOGIC_1164.ALL;
ENTITY dff IS
PORT(clk, d:IN STD_LOGIC;
q:OUT STD_LOGIC);
END ENTITY dff;
ARCHITECTURE rtl OF dff IS
BEGIN
PROCESS(clk)IS
BEGIN
IF(clk'EVENT AND clk='1') THEN
```

```
q<=d;
END IF;
END PROCESS;
END ARCHITECTURE rt1;
```

上例中 IF 语句的条件是时钟信号 clk 发生变化，且时钟信号 clk='1'。只是在这个时候 q 端输出复现 d 端输入的信号值。当该条件不满足时，q 端维持原来的输出值。

（2）二选一控制语句

IF 语句用作二选一控制时的书写格式为：

```
IF 条件 THEN
顺序处理语句;
    ELSE
顺序处理语句;
END IF;
```

二选一控制语句与门闩控制语句的区别在于当 THEN 和 ELSE 之间所检测的条件为假时，不直接跳到 END IF 结束条件语句的执行，而是执行 ELSE 和 END IF 之间的另外一段顺序处理语句。也就是说，通过检测所设定的条件的真假来决定执行哪一组顺序处理语句，在执行完其中一组语句后再执行 END IF 语句，即是用条件来选择两条不同程序执行的路径。这是一种完整性条件语句，给出了条件语句所有可能的条件，通常用于产生组合电路。

【例6-6】二选一电路结构体描述。

```
ARCHITECTURE rt1 OF mux2 IS
BEGIN
PROCESS(a, b, s)
BEGIN
IF(s='1') THEN
c<=a;
ELSE
c<=b;
END IF;
END PROCESS;
END ARCHITECTURE rt1;
```

上例中二选一电路的输入为 a 和 b，选择控制端为 s，输出端为 c。当选择控制端 s='1' 时，将变量 a 赋值给输出端 c，否则输出变量 c 将被赋值为 b。

（3）多选择控制语句

IF 语句的多选择控制语句书写格式如下：

```
IF 条件 THEN
顺序处理语句;
ELSIF 条件 THEN
顺序处理语句;
……
ELSIF 条件 THEN
顺序处理语句;
ELSE
顺序处理语句;
END IF;
```

多选择控制语句中设置了多个条件，当满足所设置的多个条件之一时，就执行该条件后跟的顺序处理语句。当所有设置的所有条件均不满足时，则执行 ELSE 和 END IF 之间的顺序处理语句。

【例 6-7】
```
SIGNAL a,b,c,p1,p2,z : bit;
IF (p1='1')THEN
  z<=a;                --如果"p1='1'",执行此语句
ELSIF(p2='0') THEN
  z<=b;                --如果"p1='0',p2='0'",执行此语句
ELSE
  z<=c;                --如果"p1='0',p2='1'",执行此语句
END IF
```

【例 6-8】四选一电路的描述。
```
LIBRARY IEEE;
USE IEEE. STD_LOGIC_1164. ALL;
ENTITY mux4 IS
PORT(input: IN STD_LOGIC_VECTOR(3 DOWNTO 0);
sel : IN STD_LOGIC_VECTOR(1 DOWNTO 0);
y: OUT STD_LOGIC);
END ENTITY mux4;
ARCHITECTURE rt1 OF mux4 IS
BEGIN
  PROCESS (input,sel) IS
    BEGIN
      IF(sel="00")THEN
        y<=input(0);
      ELSIF(sel="01")THEN
        y<=input(1) ;
      ELSIF(sel="10") THEN
        y<=input(2) ;
      ELSE
        y<=input(3) ;
      END IF;
    END PROCESS;
END ARCHITECTURE rtl;
```

IF 语句不仅可以用于选择器的设计，而且还可以用于比较器、译码器等凡是可以进行条件控制的逻辑电路设计。

注意：IF 语句的条件判断输出是布尔量，是"真"（TRUE）或"假"（FALSE）。因此在 IF 语句的条件表达式中只能使用关系运算操作（=，/=，<，>，<=，>=）及逻辑运算操作的组合表达式。

（4）多重 IF 嵌套式条件句

IF 语句的多重 IF 嵌套式语句可以产生比较丰富的条件描述，既可以产生时序电路，也可以产生组合电路，或者两者的混合。书写格式如下：

```
IF 条件 THEN
IF 条件 THEN
……
顺序处理语句；
……
    END IF;
```

END IF;

【例 6-9】带有同步并行预置功能的 8 位右移移位寄存器。
```
LIBRARY IEEEE;
USE IEEEE.STD_LOGIC_1164.ALL;
ENTITY SHFRT IS                    --8位右移寄存器
    PORT (CLK, LODE: IN STD_LOGIC;
DIN: IN STD_LOGIC_VECTOR (7 DOWNTO 0);
QB: OUT STD_LOGIC);
END SHFRT;
ARCHITECTURE behave OF SHFRT IS
    BEGIN
    PROCESS (CLK, LOAD)
      VARIABLE REG8: STD_LOGIC_VECTOR (7 DOWNTO 0);
    BEGIN
      IF CLK' EVENT AND CLK ='1' THEN
      IF LOAD='1' THEN            --装载新数据
           REG8 := DIN;
      ELSE
       REG8 (6 DOWNTO 0) :=REG8 (7 DOWNTO 1);
      END IF;
          END IF;
       QB<=REG8 (0);
      END PROCESS;              --输出最低位
END behave;
```
注意：在多重 IF 语句嵌套式条件语句中，END IF 结束语句应该与嵌入的条件语句数量一致。

6.1.5 CASE 语句

CASE 语句是根据满足的条件直接选择多项顺序语句中的一项执行，常用来描述总线或编码、译码的行为。与 IF 语句相比，CASE 语句更具可读性，条件式和动作的对应关系更加清晰。CASE 语句的书写格式如下所示：
```
CASE 表达式 IS
WHEN 条件表达式=>顺序处理语句;
……
WHEN 条件表达式=>顺序处理语句;
END CASE;
```
当执行到 CASE 语句时，首先计算表达式的值，继而根据条件句中与之相同的选择值，执行与之对应的顺序处理语句，最后结束 CASE 语句。上述 CASE 语句中的 WHEN 条件选择值可以有如下 4 种表示形式：

① 单个普通数值，WHEN 值=>顺序处理语句;
② 并列数值，WHEN 值|值|值|…|值=>顺序处理语句;
③ 数值选择范围，WHEN 值 TO 值=>顺序处理语句;
④ WHEN OTHERS=>顺序处理语句。

当执行到 CASE 语句时，首先要计算 CASE 和 IS 之间的表达式的值，当 CASE 语句中表达式的值与某一个 WHEN 语句的条件表达式的值或者 OTHERS 的值相匹配时，执行它们后面相应的顺序处理语句，在执行完顺序语句后结束该 CASE 语句。条件表达式的值可以是一个值，或者是多个值的"或"关系；也可以是一个取值范围或者表示其他所有的缺省值。

注意：

① CASE 语句中的所有条件必须被一一列举，且 WHEN 语句后不能存在相同的条件表达式。

② 除非 WHEN 语句后面的条件表达式的值能完全覆盖 CASE 语句中表达式的取值，否则最后一个条件语句中的选择必须用 OTHERS 来表示，它代表已给出的所有条件语句中未能列出的其他可能取值。OTHERS 只能出现一次，且只能放在最后，作为最后一种条件取值。

③ CASE 语句中的 WHEN 语句可以交换次序，不影响操作。

【例 6-10】 4 选 1 选择器。

```
LIBRARY IEEE;
USE IEEE.STD_LOGIC_1164.ALL;
ENTITY mux4 IS
PORT(a,b,i0,i1,i2,i3: IN STD_LOGIC;
c: OUT STD_LOGIC);
END ENTITY mux4;
ARCHITECTURE mux4_behave OF mux4 IS
SIGNAL sel: INTEGER RANGE 0 TO 5;
BEGIN
B:PROCESS(a,b,i0,i1,i2,i3) IS
  BEGIN
    sel<='0';                --输入初始值
  IF(a='1') THEN
    sel< =sel+1;
  END IF;
  IF(b='1') THEN
    sel< = sel+2 ;
  END IF;
CASE sel IS
  WHEN 0=>c<=i0;             --当 sel=0 时选中
  WHEN 1=>c<=i1;             --当 sel=1 时选中
  WHEN 2|3=>c<=i2;           --当 sel=2 或 3 时选中
  WHEN 4=>c<=i3;             --当 sel=4 时选中
  WHEN OTHERS =>NULL;        --无效
END CASE;
END PROCESS;
END ARCHITECTURE mux4_behave;
```

上例表明，选择器的行为描述不仅可以使用 IF 语句，也可以使用 CASE 语句。但是它们两者是有区别的。首先在 IF 语句中，要先处理最起始的条件，如果不满足，再处理下一个条件。与 IF 语句相比，CASE 语句组的程序可读性比较好，这是因为它把条件中所有可能出现的情况全部列出来了，可执行条件一目了然。而在 CASE 语句中，没有值的顺序号，所有值是并行处理的。因此，在 WHEN 项中已用过的值，如果在后面 WHEN 项中再次使用，那在语法上是错误的。也就是说，值不能重复使用。一般来说，对相同的逻辑功能，CASE 语句比 IF 语句的描述耗用更多的硬件资源，不但如此，对于有的逻辑，CASE 语句无法描述，只能用 IF 语句来描述，这是因为 IF-THEN-ELSIF 语句具有条件相与的功能和

自动将逻辑值 "–" 包括进去的功能（逻辑值 "–" 有利于逻辑的化简），而 CASE 语句只有条件相或的功能。

6.1.6　NULL 语句

NULL（空操作语句）语句表示只占位置的一种空处理操作，不完成任何操作，它可以用来为所对应信号赋一个空值，表示该驱动器被关闭。NULL 语句常用于 CASE 语句中，利用 NULL 来表示所剩余的不用条件下的操作行为，以满足 CASE 语句对条件全部列举的要求。空操作语句的书写格式如下所示：

```
NULL;
```

例如，在例 6-10 中，NULL 用于排除一些不用的条件。

```
CASE sel IS
   WHEN 0=>c<=i0;           --当sel=0 时选中
   WHEN 1=>c<=i1;           --当sel=1 时选中
   WHEN 2|3=>c<=i2;         --当sel=2 或 3 时选中
   WHEN 4=>c<=i3;           --当sel=4 时选中
   WHEN OTHERS =>NULL;      --无效
END CASE;
```

注意：在许多情况下选择 NULL 语句并非是最佳选择，如状态机设计中的 CASE 语句中，在 "WHEN OTHERS=>语句" 中选择初始状态更好。

6.1.7　断言(ASSERT)语句

断言（ASSERT）语句主要用于进程、函数和过程仿真、调试中的人-机会话，它可以给出一个文字串作为警告和错误信息。ASSERT 语句的书写格式为：

```
ASSERT          条件
REPORT          输出信息
SEVERITY        出错级别；
```

在执行过程中，断言语句对条件（布尔表达式）的真假进行判断：

如果条件为 "真"，则向下执行另一个语句；

如果条件为 "假"，则输出错误信息和错误严重程度的级别。

在 VHDL 语言中错误严重程度分为 4 个级别：失败（FAILURE）、错误（ERROR），警告（WARNING）和注意（NOTE）。

断言语句的使用规则：

① ASSERT 后判断出错的条件表达式必须由设计者给出，没有默认格式。

② REPORT 后的出错报告信息必须是用双引号括起来的字符串。若 REPORT 缺少出错信息报告，则默认输出错误信息报告为 ""Assertion Violation""。

③ SEVERITY 后的错误等级必须是预定的四种错误之一。若缺少错误等级，则默认等级为 ERROR。

例如：

```
ASSERT(tiaojian='1')
REPORT"some thing wrong"
SEVERITY ERROR;
```

该断言语句的条件是信号量 "tiaojian='1'"。如果执行到该语句时，信号量 "tiaojian='0'"，说明条件不满足，就会输出 REPORT 后跟的文字串。该文字串说明出现了错误。SEVERITY

后跟的错误级别告诉操作人员其出错级别为 ERROR。 ASSERT 语句为程序的仿真和调试带来了极大的方便。

6.1.8 LOOP 语句

LOOP 语句就是循环语句，它可以使程序进行有规则的循环，可以反复执行若干顺序语句，循环的次数受迭代算法控制。在 VHDL 语言中常用来描述位片逻辑及迭代电路的行为。LOOP 语句的书写格式一般有两种:

（1）FOR LOOP 循环

FOR LOOP 循环的书写格式如下：
[标号]: FOR 循环变量 IN 离散范围 LOOP
顺序处理语句;
END LOOP [标号];

标号是该 FOR LOOP 循环的标志符。循环变量的值在每次的循环中都发生变化，循环变量每取一值，就要执行一次循环体中的顺序处理语句。

离散范围用来指定循环变量的取值范围，循环变量的取值将从取值范围最左边的值开始并且递增到取值范围最右边的值，实际上也是限定了循环的次数。

LOOP 语句中的循环变量的值在每次循环中都将发生变化，而 IN 后跟的离散范围则表示循环变量在循环过程中依次取值的范围。例如:

```
ASUM: FOR i IN 1 TO 9 LOOP
sum=i+sum;           --sum 初始值为 0
END LOOP ASUM;
```

在该例子中 i 是循环变量，它可取值 1，2，…，9，共 9 个值，也就是说 sum=i+sum 的算式应循环计算 9 次。该程序对 1~9 的数进行累加计算。

离散范围的值不一定指定为整数值，也可以是其他类型的，只是要保证数值是离散的就可以了。

【例 6-11】8 位的奇偶校验电路的 VHDL 语言描述的实例。

```
LIBRARY IEEE;
USE IEEE. STD_LOGIC_ 1164. ALL;
ENTITY parity_check IS
PORT(a:IN STD_LOGIC_VECTOR(7 DOWNTO 0);
    y: OUTSTD_LOGIC);
END parity_check;
ARCHITECTURE rt1 OF parity_check IS
BEGIN
  PROCESS(a) IS
    VARIABLE tmp: STD_LOGIC;
    BEGIN
      tmp:='0';
        FOR i IN 0 TO 7LOOP
        tmp:=tmp XOR a(i);
        END LOOP;
      y<=tmp;
    END PROCESS;
END ARCHITECTURE rt1;
```

上例中 tmp 是一个局部变量，它只能在进程内部说明。FOR LOOP 语句中的 i 是一个循环变量，无论在信号说明和变量说明中都未涉及。如前例所述，它是一个整数变量。信号和变量都不能代入到此循环变量中。如果 tmp 变量值要从进程内部输出，就必须将它代入信号量，信号量是全局的，可以将值带出进程。在上例中，tmp 的值通过信号 y 带出进程。

（2）WHILE LOOP 循环

WHILE LOOP 循环句的书写格式如下：

```
[标号]:WHILE 条件 LOOP
       顺序处理语句
END LOOP [标号];
```

标号用来作为该 WHILE LOOP 循环语句的标志符。WHILE LOOP 循环语句在检测到保留字 WHILE 后面的条件满足时才去执行顺序处理语句。WHILE LOOP 循环语句在每次执行前都要先检查条件，如果条件为"真"，则执行循环体中的顺序处理语句，执行完后返回该循环的开始，将再次检查条件；如果条件为"假"，则结束循环，去执行 WHILE LOOP 循环语句后面的其他语句。例如：

```
i:=1;
sum:=0;
sbcd:WHILE(i<10) LOOP
 sum:=i+sum;
i:=i+1;
END LOOP sbcd;
```

该例与 FOR LOOP 循环示例的行为是一样的,都是对 1~9 的数累加求和。这里利用了 i<10 的条件使程序结束循环，而循环控制变量 i 的递增是通过算式"i: =i+1"来实现的。

【例 6-12】 8 位奇偶校验电路的 WHILE LOOP 设计形式。

```
LIBRARY IEEE;
USE IEEE.STD_LOGIC_1164.ALL;
ENTITY parity_check IS
PORT(a: IN STD_LOGIC_VECTOR(7 DOWNTO 0);
y: OUT STD_LOGIC);
END ENTITY parity_check;
ARCHITECTURE behav OF parity_check IS
BEGIN
  PROCESS(a) IS
  VARIABLE tmp: STD_LOGIC;
  BEGIN
    tmp:='0';
    i:=0;
    WHILE(i<8) LOOP
    tmp:=tmp XOR a(i);
    i:=i+1;
    END LOOP;
    y<=tmp;
END PROCESS;
END ARCHITECTURE behav;
```

在例 6-12 的 LOOP 语句中没有给出循环次数的范围,而是给出了循环执行顺序语句的条件，没有自动递增循环变量的功能，而是在顺序处理语句中增加了一条循环次数计算语句，用于循环语句的控制。循环控制条件为布尔表达式，当条件为"真"时，则进行循环，如果条件为"假"，则结束循环。

注意：在 WHILE LOOP 语句中的变量 i 要首先声明才能使用，这一点与 FOR LOOP 语句不同。一般使用 FOR LOOP 语句较多。

6.1.9 NEXT 语句

NEXT 语句用于 LOOP 循环语句的内部，可以有条件或者无条件地结束当前此次循环并开始下一次的循环。NEXT 语句有以下三种书写格式：

```
NEXT;                       --第一种语句格式
NEXT[标号];                  --第二种语句格式
NEXT[标号][WHEN 条件];        --第三种语句格式
```

NEXT 语句用于结束本次循环，转入下一次循环。其中"标号"表明下一次循环的起始位置。而"WHEN 条件"则表明了跳出本次循环的条件。第一种语句格式，如果 NEXT 语句后面既无"标号"也无"WHEN 条件"说明，则表明只要执行到该 NEXT 语句就立即无条件地跳出本次循环，回到本 LOOP 循环语句的起始位置进行下一次循环。第二种语句格式，与未加标号的功能基本相同，只是当多重 LOOP 语句嵌套时，加标号的可以跳转到指定标号的 LOOP 语句处，重新开始执行循环。第三种语句格式，如果条件表达式的值为"真"，则执行 NEXT 语句，进入跳转操作，否则继续向下执行。当只有单层 LOOP 循环语句时，NEXT 和 WHEN 之间的[标号]才可以省略，如例 6-13 所示。

【例 6-13】
```
      ……
L1:FOR cnt_value IN 1 TO 8 LOOP
s1:a(cnt_value):= '0';
    NEXT WHEN (b=c);
s2:a(cnt_value+8):= '0';
 END LOOP L1;
```

当 LOOP 语句嵌套时，通常 NEXT 语句应标有"标号"和"WHEN 条件"，如例 6-14 所示。

【例 6-14】
```
      ……
 L_x:FOR cnt_value IN 1 TO 8 LOOP
s1:a(cnt_value):= '0';
    k:=0;
L_y:LOOP
s2:b(k)= '0'
   NEXT L_x WHEN (e>f);
s3:b(k+8):= '0';
   k:=k+1;
END LOOP L_y;
END LOOP L_x;
```

在上例中，当 e>f 为"真"时，执行 NEXT L_x 语句，跳转到 L_x，使 cnt_value 加 1，从 s1 处开始执行语句。如果 e>f 为"假"，则执行 s3 后使 k 加 1。

6.1.10 EXIT 语句

EXIT 语句用于 LOOP 语句循环控制。与 NEXT 语句不同的是，EXIT 语句在 LOOP 语句中用于跳出 LOOP 语句，结束循环状态。EXIT 语句的三种书写格式为：

```
EXIT;                           --第一种语句格式
EXIT [标号];                    --第二种语句格式
EXIT [标号][WHEN 条件];         --第三种语句格式
```

第一种语句格式表明无条件从 LOOP 语句中跳出，结束循环状态，继续执行 LOOP 语句后继语句。第二种语句格式表明跳到标号处继续执行。第三种语句格式表明，只有当条件为"真"时，跳出 LOOP 语句。需要注意的是，此时不论 EXIT 语句是否有标号说明，都将执行下一条语句。如果有标号说明，则执行标号所说明的语句；如果无标号说明，则执行循环外的下一条语句。

【例 6-15】EXIT 语句示例。

```
PROCESS(a) IS
VARIABLE int_a: INTEGER;
BEGIN
int_a:=a;
FOR i IN 0 TO max_limit LOOP
IF (int_a<=0) THEN
EXIT;
ELSE
int_a: =int_a-1;
q(i)<=3. 1416/REAL(a*i);
END IF;
END LOOP;
y<=q;
END PROCESS;
```

在例 6-15 中 int_a 通常代入大于 0 的正数值。当 int_a 小于或等于 0 时，IF 语句将返回"真"值，执行 EXIT 语句，跳出 LOOP 循环语句，继续执行 LOOP 语句后继的语句"y<=q"。

注意：如果 EXIT 语句位于一个内循环 LOOP 语句中，即该 LOOP 语句嵌在另外一个 LOOP 语句中，则执行 EXIT 时仅仅跳出内循环，仍然留在外循环的 LOOP 语句中。如果需要终结的 LOOP 语句不是最里层的 LOOP 语句，则必须使用[标号]来指定要终结的是哪一层。

【例 6-16】

```
OUTER: LOOP …
INNER:LOOP …
EXIT OUTER WHEN CONDITION1;     --EXIT 1
 EXIT WHEN CONDITION 2;         --EXIT 2
END LOOP INNER;                 --TARGET A
EXIT OUTER WHEN CONDITION 3;    --EXIT 3
END LOOP OUTER;                 --TARGET B
```

本例中包含有两个循环语句，其中标号为 INNER 的循环嵌套在标号为 OUTER 的另一个循环里面，对于第一个退出语句，由注释标注为 EXIT1，如果条件为真，会将控制进程转移到标注为 TARGET B 的语句处。而对于第二个退出语句，标注为 EXIT 2，将转移控制进程到标注为 TARGET A 的语句处。因为没有引用标号，所以第二个退出语句只能退出其直接包围的循环体，即循环 INNER。最后，标注 EXIT 3 的退出语句将控制进程转移到 TARGET B。

6.2 并发描述语句

由于在实际系统中的许多操作是并发的，所以在对系统进行仿真时，这些系统中所有元件在定义的仿真时刻应该是并发工作的，而硬件描述语句的并发描述语句就是用来表示这种并发行为的语句。并发描述可以是结构性的也可以是行为性的。并且并发语句在执行顺序的地位上是平等的，其执行顺序与书写顺序无关，并发描述语句的执行顺序是由它们的触发事件来决定的。

并发描述语句包括：进程（PROCESS）语句，并发信号赋值（Concurrent Signal Assignment）语句，条件信号赋值（Conditional Signal Assignment）语句，选择信号赋值（Selective Signal Assignment）语句，并发过程调用（Concurrent Procedure Call）语句，块（BLOCK）语句，元件例化（Component Instantiations）语句和生成语句（Generate Statements）。并发语句在构造体中的使用格式如下：

```
ARCHITECTURE 构造体名 OF 实体名 IS
    说明语句;
BEGIN
    并发语句;
END ARCHITECTURE 构造体名;
```

下面介绍一下各种并发描述语句的使用。

6.2.1 进程语句

各个进程之间是并发处理的，而在进程内部则是按顺序处理的。在一个构造体内部可以有多个 PROCESS 语句同时并发执行。因此，PROCESS 语句是 VHDL 语言中描述硬件系统并发行为的最基本的语句。PROCESS 语句的书写格式如下：

```
[进程名]: PROCESS [敏感量表]
变量说明语句;
BEGIN
顺序说明语句;
……
顺序说明语句;
END PROCESS[进程名];
```

进程语句的编写特点：

① 进程本身为结构体内的一条并行语句，其内部可执行部分是顺序语句；

② 进程可以使用结构体的各种信号作为输入和输出，在进程中可以改变这些信号的值；

③ 进程内不允许定义新的信号，但可以定义局部变量、常量、函数等；这些定义的数据对象只在该进程内部使用。

进程语句的仿真特点：

① 进程通常带有敏感量表（信号名列表），当表中任一信号发生变化时，进程就从头到尾执行一次；

② 若进程的执行导致进程内部变量或信号的任何变化，进程将立即再次执行；

③ 当进程的执行不再导致进程内部量发生任何变化时，进程将停止执行，此时进程功能块处于稳定状态。

进程相当于一个抽象的电路功能块，其输入信号为其敏感量表所列信号，输出信号可以是在进程中赋值的任何信号。后面要提到的一些并发语句，实质上是一种进程的缩写形式，它们仍可以归属于进程语句。

6.2.2 并发信号赋值语句

信号赋值语句（符号"<="）可以在进程内部使用，此时代入语句是按顺序执行的。代入语句也可以在构造体内部的进程外使用，那么这些代入语句之间是并发执行的。因此，一个并发信号代入语句实际上是一个进程的缩写，而这条语句的所有输入（或读入）信号都被隐形地列入此缩写进程的敏感信号表中。

并发信号赋值语句有三种形式：简单信号赋值语句，条件信号赋值语句，选择信号赋值语句。这三种信号赋值语句的共同特点是赋值目标必须都是信号，所有赋值语句与其他并行语句一样，在结构体内的执行是同时发生的。

（1）简单信号赋值语句

简单信号赋值语句的语句格式如下：

赋值目标<=表达式；

格式中的赋值目标的数据对象必须是信号，它的数据类型必须与赋值符号右边表达式的数据类型一致。例如：

```
ARCHITECTURE behav OF a_var IS
BEGIN
  output<=a(i) ;
END ARCHITECTURE behav;
```

等效于

```
ARCHITECTURE behav OF a_var IS
BEGIN
    PROCESS(a(i)) IS
BEGIN
    output<=a(i);
END PROCESS;
END ARCHITECTURE behav;
```

并发信号代入语句在仿真时刻同时运行，它表征了各个独立器件的各自的独立操作。例如：

a<=b+c;
d<=e*f;

这两个语句分别描述了一个加法器和一个乘法器的行为。在实际的硬件系统中，加法器和乘法器是独立并行工作的。现在第一个语句和第二个语句都是并发信号代入语句，在仿真时刻，两个语句是并发处理的，从而真实地模拟了实际硬件系统中的加法器和乘法器的工作。

并发信号赋值语句可以仿真加法器、乘法器、除法器、比较器及各种逻辑电路的输出。因此，在赋值符号"<="的右边可以用算术运算表达式，也可以用逻辑运算表达式，还可以用关系操作表达式来表示。

（2）条件信号赋值语句

条件信号赋值语句的书写格式为：

赋值目标<=表达式1WHEN 条件1 ELSE
　　　　　　　表达式2WHEN 条件2 ELSE
　　　　　　　表达式3 WHEN 条件3 ELSE
　……　　　　ELSE
表达式n;

结构体中的条件信号赋值语句的功能与在进程中的 IF 语句相同，在执行条件信号语句时，每个赋值条件按书写的先后关系逐项测定，如果"WHEN"后条件为"真"，则将"WHEN"前的表达式的值赋给目标信号，否则再判别下一个表达式所指定的条件。最后一个表达式可以不跟条件，表示在上述所有表达式所指明的条件都不满足时，则将该表达式的值赋给目标信号量。

【例6-17】 利用条件赋值语句描述四选一逻辑电路。

```
    LIBRARY IEEE;
    USE IEEE.STD_LOGIC_1164.ALL;
ENTITY mux4 IS
     PORT(i0,i1,i2,i3,a,b: IN STD_LOGIC;
          q: OUT STD_LOGIC);
END mux4;
ARCHITECTURE rt1 OF mux4 IS
SIGNAL set: STD_LOGIC_VECTOR(1 DOWNTO 0);
BEGIN
  set<=b & a;
  q<=i0 WHEN set="00" ELSE
  i1 WHEN sel="01" ELSE
  i2 WHEN sel="10" ELSE
  i3 WHEN sel="11" ELSE
  'X';
END ARCHITECTURE rt1;
```

如果条件信号赋值语句中有两个或者多个表达式的条件为"真"时，仅将第一个条件为"真"的表达式赋给目标对象，即条件赋值语句具有隐含的优先级。因此，条件信号赋值语句允许有重叠现象，这与 CASE 语句有很大的区别。

```
Z<=A WHEN ASSIGN_A='1' ELSE
     B WHEN ASSIGN_B='1' ELSE
     C;
```

该语句中 ASSIGN_A='1' 和 ASSIGN_B='1'条件都满足的话，第一个代入 Z<=A 优先。

条件信号赋值语句与前述的 IF 语句的区别就在于，IF 语句只能在进程内部使用（因为它们是顺序语句），而且与 IF 语句相比，条件信号赋值语句中的必须有 ELSE，而 IF 语句则可以有也可以没有。另外，条件信号赋值语句不能进行嵌套，因此，受制于没有自身值代入的描述，不能生成锁存电路。用条件信号赋值语句所描述的电路与逻辑电路的工作情况比较贴近，往往要求设计者具有较多的硬件电路知识，从而使一般设计者难于掌握。一般来说，只有当用进程语句、IF 语句和 CASE 语句难以描述时，才使用条件信号赋值语句。

（3）选择信号赋值语句

选择信号赋值语句的书写格式为：

```
WITH 表达式 SELECT
    赋值目的信号<=表达式1 WHEN 条件1,
表达式2WHEN 条件2,
```

......
表达式 n WHEN 条件 n；

选择信号赋值语句对表达式进行测试，当表达式取值不同时，将使不同的值代入赋值目的信号。选择信号赋值语句本身不能在进程中应用，但其功能却类似于进程中的 CASE 语句。选择条件的要求与 CASE 语句类似：①其选择条件不得有重叠；②若 OTHERS 选项不存在，则要求选项集合必须能够覆盖选择条件表达式的所有可能；③选择条件可以是静态表达式或是静态范围。

【例 6-18】 使用选择信号赋值语句描述四选一电路。

```
LIBRARY IEEE;
USE IEEE.STD_LDGIC_1164.ALL;
ENTITY mux IS
PORT(i0,i1,i2,i3,a,b: IN STD_LOGIC;
q: OUT STD_LOGIC);
END ENTITY mux;
ARCHITECTURE behav OF mux IS
SIGNAL sel: INTEGER;
BEGIN
WITH sel SELECT
q<=i0 WHEN 0,
i1 WHEN 1,
i2 WHEN 2,
i3 WHEN 3,
'X' WHEN OTHERS;
sel<=0 WHEN a='0' AND b='0' ELSE
1 WHEN a='1' AND b='0' ELSE
2 WHEN a='0' AND b='1' ELSE
3 WHEN a='1' AND b='1' ELSE
4 END ARCHITECTURE behav;
```

6.2.3 并发过程调用语句

并发过程调用（Concurrent Procedure Call）语句可以作为一个并行语句直接出现在构造体或者块语句中，而且其功能等效于同一个过程调用语句的进程。并发过程调用语句的调用格式与顺序过程调用语句相同，其书写格式为：

PROCEDURE 过程名（参数1，参数2，…）IS [定义语句]；
BEGIN
[顺序处理语句]；
END 过程名；

关于并发过程调用语句应注意以下问题：

① 并发过程调用语句是一个完整的语句，在它的前面可以加标号。

② 并发过程调用语句应带有 IN，OUT 或者 INOUT 的参数，它们应列于过程名后跟的括号内。

③ 并发过程调用可以有多个返回值，但这些返回值必须通过过程中所定义的输出参数带回。

④ 并发过程调用语句实际上是一个过程调用进程的简写。

⑤ 在过程中尽量不要出现自变量表中没有出现过的信号量，如果出现将会带来问题。

【例 6-19】 求最大值。
```
LIBRARY IEEE;
USE IEEE.STD_LOGIC_1164.ALL;
ENTITY max IS
PORT(in1: IN STD_LOGIC_VECTOR(7 DOWNTO 0);
in2: IN STD_LOGIC_VECTOR(7 DOWNTO 0);
in3: IN STD_LOGIC_VECTOR(7 DOWNTO 0);
q: OUT STD_LOGIC_VECTOR(7 DOWNTO 0));
END max;
   ARCHITECTURE rtl OF max IS
      PROCEDURE maximum (a, b: IN STD_LOGIC_VECTOR;
         NSIGNSL c: OUT STD_LOGIC_VECTOR) IS
            VARIABLE temp: STD_LOGIC_VECTOR (a'RANGE);
         BEGIN
            IF (a>b) THEN temp:=a;
            ELSE temp:=b;
            END IF;
            c<=temp;
         END maximum;
      SIGNAL tmp1,tmp2: STD_LOGIC_VECTOR(7 DOWNTO 0);
BEGIN
   maximum(in1, in2,tmp1);
   maximum(tmp1, in3,tmp2);
   q<=tmp2;
END rtl;
```
过程定义有两点需要注意：

① 过程只使用参量表中的信号和变量及过程内部定义的变量。

② 如果过程要实现对信号的代入操作，那么用作信号的参量要说明成信号。

过程调用语句可以出现在进程语句中，如果该进程的作用就是进行过程调用、完成该过程的操作功能，那么并发过程调用语句和过程调用进程（仅调用过程的进程）是完全等效的。也就是说，并发过程调用语句实际上是一个过程调用进程的简写。

【例 6-20】 位矢量转换为整数。
```
ARCHITECTURE…
BEGIN
   PROCESS (z,q) IS
   BEGIN
      VECTOR_TO _INT(z,x_flag,q);
      ……
END PROCESS;
END ARCHITECTURE…;
```
上面是一个过程调用进程，它可以简写为下列并发过程调用语句：
```
ARCHITECTURE…
BEGIN
      VECTOR_TO _INT(z,x_flag,q);
      ……
END ARCHITECTURE…;
```

6.2.4 块(BLOCK)语句

块语句通常用于构造体的结构化描述,构造体可以由多个块组成。实际上,构造体本身就等价于一个块,或者说是一个功能块。BLOCK 是 VHDL 中具有的一种划分机制,这种机制允许设计者合理地将一个模块分为数个区域,每个块都能对其局部信号、数据类型和常量加以描述和定义。BLOCK 语句是一个并发语句,而它所包含的一系列语句也是并发语句,而且块语句中的并发语句的执行与语句的先后次序无关。BLOCK 语句的书写格式:

标号:BLOCK
块头
{说明语句};
    BEGIN
{并发处理语句};
END BLOCK 标号名;

作为一个 BLOCK 语句,在关键词"BLOCK"前面必须设置一个块标号,并在结尾语句 END BLOCK 右侧也写上此标号(此处的块标号可以省略)。块头主要用于信号的映射及参数的定义,通常通过 GENERIC 语句、GENERIC_MAP 语句以及 PORT 语句和 PORT_MAP 语句来实现。说明语句与构造体的说明语句相同,主要是对该 BLOCK 所要用到的客体加以说明,其适用范围仅限于当前 BLOCK。可说明的项目有:USE 子句;子程序说明及子程序体;类型说明;常数说明;信号说明;元件说明。

【例 6-21】如果想设计一个 CPU 芯片,为简化起见,假设这个 CPU 只由 ALU 模块和 REG8(寄存器)模块组成。 ALU 模块和 REG8 模块的行为分别由两个 BLOCK 语句来描述。每个模块相当于 CPU 电原理图中的子原理图(REG8 模块又由 8 个 REG1,REG2,…,REG8 子块构成)。在每个块内能够有局部信号、数据类型、常数等说明。任何一个客体可以在构造体中说明,也可以在块中说明。

```
LIBRARY IEEE;
USE IEEE.STD_LOGIC_1164.ALL;
PACKAGE BIT32 IS
TYPE tw32 IS ARRAY(31DOWNTO 0) OF STD_LOGIC;    --数据类型 tw32 的定义
END BIT32;
USE IEEE.STD_LOGIC_1164.ALL;
USE WORK.BIT32.ALL;
ENTITY CPU IS
PORT(clk, interrupt: IN STD_LOGIC;
addr: OUT tw32;
 data: INOUT tw32);                             --构造体全局端口定义
END CPU;
ARCHITECTURE cpu_blk OF cpu IS
SIGNAL ibus, dbus: tw32;
BEGIN
         ALU:BLOCK                              --块定义,块标号名为 ALU
SIGNAL qbus: tw32;
BEGIN
--ALU 行为描述语句
END BLOCK ALU;
       REG8: BLOCK
```

```
    SIGNAL zbus: tw32;
BEGIN
REG1 :BLOCK
    SIGNAL qbus: tw32;
    BEGIN
    --REG1 行为描述语句
    END BLOCK REG1;
    --其他 REG8 行为描述语句
    END BLOCK REG8,
    END cpu_blk;
```

其中 clk、interrupt 为输入端口，addr 和 data 分别表示输出端口和双向端口，均为全局信号。ibus 和 dbus 为内部信号，属于局部信号量，只能在构造体 cpu_blk 中使用，在构造体 cpu_blk 之外不能使用。qbus 只能在 ALU 块中使用，zbus 只能在 REG8 块中使用，REG1 块嵌套于 REG8 块中，因此 zbus 也可以在 REG1 块中使用。

块语句中信号的有效范围总结如下：
① 任何一个客体可以在构造体中说明，也可以在块中说明；
② BLOCK 块可以嵌套；
③ 内层 BLOCK 块能够使用外层 BLOCK 块所说明的信号；
④ 外层 BLOCK 块不能使用内层 BLOCK 块中说明的信号；
⑤ 块内说明的局部信号只能在该块内使用。

上例中 REG1 块和 ALU 块的信号说明项均有一个名为 qbus 的信号，由于这两个块是独立的，其中定义的 qbus 信号均为局部信号量，只能在其所说明的块内部使用。也就是说两个 qbus 信号是具有相同信号名的独立的信号，编译器将分别对这两个信号进行处理，在语法上是合法的。但是，为了正确区分，通常取不同的名字，避免发生混淆。例如在信号名前面加块名字前缀，例如 REG1_qbus。

6.2.5 元件例化语句

在多层次的设计中，高层的设计模块调用低层次的设计模块，或者直接用门电路设计单元来构成一个较复杂的逻辑电路时，需要使用元件说明和元件例化语句。

元件（Component）：一个结构描述的实体，由若干个部件用专用信号线互连而成。同一类型的部件代表相同实体的同一构造。

例元（Component_Instant）：实体结构中每一个部件是对某个元件的引用，这些部件称为例元，也就是元件的例化。

结构化的构造体由若干例元连接而成。元件说明和元件例化语句在构造体中的位置如下：

```
ARCHITECTURE STR OF 实体名 IS
元件说明；          --电路设计中使用的元件及端口
类型说明；
信号说明；          --电路设计中各中间连接点
BEGIN
元件例化语句；       --端口与信号，即中间连接点及输入/输出端点的连接关系
END STR;
```

其中元件说明语句用于指定本构造体中所调用的是哪一个已有的逻辑描述模块，其书写格式为：

```
COMPONENT 元件名 IS
GENERIC 说明；           --元件定义语句
PORT（端口名：模式  信号类型；
            ……
        端口名：模式  信号类型）；
END COMPONENT 元件名；
```
元件例化语句格式如下：

标号名：元件名 PORT MAP（[端口名=>] 连接端口名，…）

元件定义语句和元件例化语句在元件例化中都是必须存在的。元件定义语句相当于对一个现成的设计实体进行封装，使其只留出对外的接口界面。元件例化语句中的例化名必须存在，它类似于标在当前系统中的一个插座名，而元件名则是准备在此插座上插入的已定义好的元件名。元件说明与电路实体说明的编写方式非常相似，如果实体有端口说明（PORT）和类属参数说明（GENERIC），同样，元件也要说明它的类属参数和端口情况。模块名称和对应端口名称应完全一致，其端口排列顺序也应该完全一致，并且所用到的电路实体应在 work 库或已说明的库中。

元件例化语句中的映射方法分为位置映射和名称映射。位置映射是指 PORT MAP 语句中实际信号的书写顺序与 COMPONENT 语句中端口说明中的书写顺序保持一致。名称映射就是在 PORT MAP 语句中将引用的元件的端口信号名称赋给构造体中要使用的例化元件的信号。

【例 6-22】位置映射例子。
```
    LIBRARY IEEE;
USE IEEE.STD_LOGIC_1164.ALL;
ENTITY example IS
    PORT (in1, in2: IN STD_LOGIC;
out: OUT STD_LOGIC);
        END example;
        ARCHITECTURE structure OF example IS
          COMPONENT and2
            GENERIC (DELAY: TIME);
              PORT (a: IN STD_LOGIC;
b: IN STD_LOGIC;
c: OUT STD_LOGIC);
          END COMPONENT;
        BEGIN
            U1 : and2 GENERIC MAP (10 ns)
              PORT MAP(in1, in2, out);
        END structure;
```
上例中元件例化语句将端口 a 映射到信号 in1，端口 b 映射到信号 in2，端口 c 映射到 out。

【例 6-23】名称映射例子。
```
    LIBRARY IEEE;
USE IEEE.STD_LOGIC_1164.ALL;
ENTITY example IS
    PORT (in1, in2: IN STD_LOGIC;
out: OUT STD_LOGIC);
        END example;
        ARCHITECTURE structure OF example IS
```

```
            COMPONENT and2
            GENERIC (DELAY: TIME);
               PORT (a: IN STD_LOGIC;
b: IN STD_LOGIC;
c: OUT STD_LOGIC);
            END COMPONENT;
          BEGIN
            U1 : and2 GENERIC MAP (10 ns)
              PORT MAP(a=>in1,b=> in2,c=> out);
          END structure;
```
其中"PORT MAP(a=>in1,b=> in2,c=> out)"也可以写成 PORT MAP(b=> in2,c=> out，a=>in1)"或者 PORT MAP(a=>in1, c=> out , b=> in2)"。

6.2.6 生成语句

生成语句是一种可以建立重复结构或者是多个模块的表示形式之间进行选择的语句，其书写格式分为两种：

FOR 模式生成语句：

```
[标号: ] FOR 循环变量 IN 取值范围 GENERATE
    说明
    BEGIN
    并发语句
    END GENERATE [标号];
```

FOR 模式主要用来进行重复结构的描述。其循环变量在每次循环中都将发生变化；取值范围用来指定循环变量的取值范围；循环变量每取一个值就执行一次 GENERATE 语句体中并发处理语句；循环变量是自动产生的，它是一个局部变量，根据取值范围自动递增或递减。取值范围的语句格式与 LOOP 语句是相同的，有以下两种格式：

表达式 TO 表达式；   --递增方式，如 1 TO 7
表达式 DOWNTO 表达式；   --递减方式，如 7 DOWNTO 1

其中的表达式必须是整数。

FOR 模式生成语句与 FOR LOOP 循环语句结构类似。二者的区别在于 FOR LOOP 循环语句的循环体中的处理语句是顺序执行语句，而 FOR 模式生成语句中的处理语句是并发处理语句，不允许出现 NEXT 语句和 EXIT 语句。

【例 6-24】
```
    ……
    COMPONENT comp
PORT (x: IN STD_LOGIC;
y: IN STD_LOGIC );
      END COMPONENT;
       SIGNAL a: STD_LOGIC_VECTOR (0 TO 7);
SIGNAL b: STD_LOGIC_VECTOR (0 TO 7);
……
gen : FOR i IN ATTRIBUTE'RANGE GENERATE
  u1: comp PORT MA (x=>a(i), y=>b(i));
END GENERATE gen;
……
```

上例利用数组属性语句 ATTRIBUTE'RANGE 作为生成语句的取值范围，进行重复元件例化过程，从而产生了一组并列的电路结构。

IF 模式生成语句：

[标号：] IF 条件 GENERATE
　　　说明
　　　BEGIN
　　　并发语句
　　　END GENERATE [标号];

IF 模式生成语句主要用来描述结构中的例外情况，例如某些边界条件的特殊性。语句执行时首先判断条件，条件为"真"时执行并发处理语句。

IF 模式生成语句与 IF 语句类似。二者的区别在于，IF 语句中的处理语句是顺序执行语句，而 IF 模式生成语句的处理语句是并发语句，在语句中不允许出现 ELSE 语句。

【例 6-25】移位寄存器。

```
LIBRARY IEEE;
USE IEEE.STD_LOGIC_1164.ALL;
ENTITY shift_reg_if IS
    PORT (d1,cp :IN STD_LOGIC;
        d0 : OUT STD_LOGIC);
END shift_reg_if;
ARCHITECTURE structure OF shift_reg_if IS
COMPONENT dff
    PORT (d,clk: IN STD_LOGIC;
        q: OUT STD_LOGIC);
END COMPONENT;
SIGNAL q: STD_LOGIC _VECTOR (3 DOWNTO 1);
BEGIN
  Label1:FOR i IN 0 TO 3 GENERATE
    l1:IF(i=0) GENERATE
      Ux:dff PORT MAP (d1,cp,q(i+1));
    END GENERATE l1;
    l2: IF (i=3) GENERATE
      Ux:dff PORT MAP (q(i),cp,d0);
    END GENERATE l2;
    l3: IF (i/=0 and i/=3) GENERATE
       Ux:dff PORT MAP (q(i),cp,q(i+1));
    END GENERATE l3;
  END GENERATE label1;
END structure;
```

上例的构造体中，FOR GENERATE 模式生成语句中使用了 IF GENERATE 模式生成语句。IF GENERATE 模式生成语句首先进行条件 i=0 和 i=3 的判断，即判断所产生的 D 触发器是移位寄存器的第一级还是最后一级。如果是第一级触发器，则将寄存器的输出信号 d1 代入到 PORT MAP 语句中；如果是最后一级触发器，则将寄存器的输出信号 d0 代入到 PORT MAP 语句中。这样就解决了硬件电路中输入输出端口具有不规则性所带来的问题。

注意：生成语句中的标号并非必需，但如果在嵌套式生成语句结构中就十分重要了。

6.3 属性描述与定义语句

VHDL 中的预定义属性（ATTRIBUTE）语句可以从所指定的客体中获得关心的数据和信息，可以得到客体的有关值、功能、类型和范围。其有许多实际的应用，例如，检出时钟的边沿，完成定时检查，获得未约束的数据类型的范围等。

预定义的属性类型包括：数值类，函数类，信号类，数据类型类，数据区间类和用户自定义的属性。

预定义属性描述语句实际上是一个内部预定义函数，其语句格式为：

客体'属性标识符；

其中客体即属性对象，可由相应的表示符表示，符号"'"紧跟在客体的后面，符号"'"后面是属性标识符即为属性名。下面对各类属性的具体应用进行一一说明。

（1）数值类属性

数值类属性分为三个子类：一般数据的数值属性、数组的数值属性和块的数值属性。

① 一般数据的数值属性。一般数据的数值属性有以下 4 种：T'LEFT、T'RIGHT、T'HIGH 和 T'LOW，分别表示得到数据类或子类区间的最左端的值、最右端的值、高端值和低端值，即分别表示约束区间的最左、最右、最大和最小值。其中 T 代表一般数据类型或子类型。

【例 6-26】
```
PROCESS (a) IS
TYPE bit_ringe IS ARRAY (7 DOWNTO 0) OF BIT;
VARIABLE left_range, right_range, uprange, lowange: INTEGER;
BEGIN
left_range:=bit_range'LEFT;         --得到 7
right_range:=bit_range'RIGHT;       --得到 0
uprange:=bit_range'HIGH;            --得到 7
lowrange:=bit_range'LOW;            --得到 0
END PROCESS;
```
由上例可以看出，如果数据类型定义的范围是递增的，那么 T'LOW = T'LEFT，T'HIGH= T'RIGHT，否则 T'LOW = T'RIGHT，T'HIGH=T'LEFT。

数值类属性不光适用于数字类型，而且适用于任何标量类型。

【例 6-27】用数值类属性获得枚举类型数据在枚举序列中的位置序号。
```
ARCHITECTURE voltb OF volta IS
TYPE volt IS(μV, mV, V, kV);
SUBTYPE s_ volt IS volt RANGE (V DOWNTO mV);
SIGNAL S1, S2, S3, S4: VOLT;
BEGIN
S1<=volt 'LEFT;           --得到 V
S2<=volt 'RIGHT;          --得到 mV
S3<=volt 'HIGH;           --得到 kV
S4<=volt 'LOW;            --得到 μV
END voltb;
```

② 数组的数值属性。数组的数值属性只有一个，即'LENGTH(n)。其中 n 是多维数组的维数，对一维数组 n 缺省。此函数只是对数组的宽度或者元素的个数进行测定，适用于任何

标量类数组和多维标量类区间的数组。因此，在应用时应注意变量的数据类型。

【例 6-28】 一维数组数值属性描述。

```
PROCESS (a) IS
TYPE array1 ARRAY (0 TO 7) OF BIT;
VARIABLE len: INTEGER;
BEGIN
len:=array1'LENGTH;        --len=8
END PROCESS;
```

③ 块的数值属性。块的数值属性分为两种：'STRUCTURE 和'BEHAVIOR。这两种属性用于块（BLOCK）和构造体（ARCHITECTURE），通过它们可以验证块和构造体是用结构描述方式来描述的模块还是用行为描述方式来描述的模块，主要应用于设计人员检查程序。如果块有标号说明，或者构造体有构造体名说明，而且在块和构造体中含有主动进程、不含有 COMPONENT 语句时，那么使用属性'BEHAVIOR 将返回"真"值；如果在块和构造体中只含有被动进程和 COMPONENT 语句时，那么使用属性'STRUCTURE 将返回"真"值。

【例 6-29】

```
LIBRARY IEEE;
USE IEEE.STD_LOGIC_1164.ALL;
    ENTITY shifter IS
    PORT (clk, left: IN STD_LOGIC;
right: OUT STD_LOGIC);
END shifter;
ARCHITECTURE structural OF shifter IS
COMPONENT dff IS
PORT (d,clk: IN STD_LOGIC;
   q: OUT STD_LOGIC);
END COMPONENT dff;
SIGNAL i1, i2, i3: STD_LOGIC;
BEGIN
u1:dff PORT MAP(d=>left, clk=>clk,q=>i1);
u2:dff PORT MAP(d=>i1, clk =>clk,q=>i2) ;
u3:dff PORT MAP(d=>i2, clk => clk,q=>i3);
u4:dff PORT MAP(d=>i3, clk => clk,q=>right) ;
checktime: PROCESS(clk) IS
VARIABLE last_time: time:= time'LEFT;
BEGIN
    ASSERT (NOW-last_time=20 ns)
REPORT "spike on clock"
SEVERITY WARNING;
last_time:=now;
END PROCESS checktime;
END ARCHITECTURE structural;
```

上例中移位寄存器模块由 4 个 D 触发器基本单元串联而成。在对应于 shifter 实体的构造体中，还包含有一个用于检出时钟 clk 跳变的被动进程 checktime。现在对这样的构造体施加属性'BEHAVIOR 和'STRUCTURE，那么就可以得到如下所描述的信息。

```
structural'BEHAVIOR            --得到"假"
structural'STRUCTURE           --得到"真"
```

（2）函数类属性

函数类属性是指属性以函数的形式返回有关数据类型、数组、信号的一些信息。函数类属性使用时以函数表达式的形式出现，属性根据输入的自变量值去执行函数，返回一个相应的值。该返回值可能是数组区间的某一个值，也可能是信号的变化量，或者是枚举数据的位置序号等。函数类属性包括：数据类型属性函数，数组属性函数和信号属性函数。

① 数据类型属性函数。用数据类型属性函数可以得到有关数据类型的各种信息。主要有以下 6 种属性函数：

a. 'POS(x)——返回输入 x 值的位置序号；
b. 'VAL(x)——返回输入位置序号 x 处的值；
c. 'SUCC(x)——返回输入 x 值的下一个对应值；
d. 'PRED(x)——返回输入 x 值的前一个对应值；
e. 'LEFTOF(x)——返回邻接输入 x 值左边的值；
f. 'RIGHTOF(x)——返回邻接输入 x 值右边的值。

对于递增区间有：'SUCC(x)= 'RIGHTOF(x)，'PRED(x)= 'LEFTOF(x)；
对于递减区间有：'SUCC(x)= 'LEFTOF(x)，'PRED(x)= 'RIGHTOF(x)。

【例 6-30】
```
PACKAGE w_pack IS
TYPE week IS (sun, mon, tue, wed, thu, fri, sat);
TYPE r_week IS week RANGE sat DOWNTO sun;
    END w_pack;
```
求自定义类型的属性：
```
        week'SUCC(mon)              --可得 tue
        week'PRED(mon)              --可得 sun
        week'LEFTOF(mon)            --可得 sun
week'RIGHTOF(mon)                   --可得 tue
        r_week'SUCC(mon)            --可得 tue
        r_week'PRED(mon)            --可得 sun
        r_week'LEFTOF(mon)          --可得 tue
r_week'RIGHTOF(mon)                 --可得 sun
```

注意：当一个枚举类型数据的极限值被传递给属性'SUCC 和'PRED 时，如上例中假设 "y:= week'PRED(sun);" 则此表达式将引起运行错误。因为在枚举数据 week 中，最大的值是 sun，week'PRED(sun)要求提供比 sun 更大的值，这已超出了定义范围。

② 数组属性函数。数组属性函数主要是用来得到数组的区间。数组属性函数可分以下 4 种：

a. 'LEFT(n)——得到 n 区间的左端位置号；
b. 'RIGHT(n)——得到 n 区间的右端位置号；
c. 'HIGH(n)——得到 n 区间的高端位置号；
d. 'LOW(n)——得到 n 区间的低端位置号。

其中 n 表示数组的区间序号（即维数）。当 n=1 时可以缺省，默认为一维数组。

对于递增区间有：'LEFT='LOW，'RIGHT='HIGH；
对于递减区间有：'LEFT='HIGH，'RIGHT='LOW。

【例 6-31】
```
    TYPE matrix IS ARRAY(0 TO 7, 9 DOWNTO 0) OF STD_LOGIC;
```

```
        i<=matrix' LEFT(1);         --i=0
i<=matrix' RIGHT (1);                --i=7
        i<=matrix' HIGH (1);         --i=7
        i<=matrix' LOW(1);           --i=0
        i<=matrix' LEFT(2);          --i=9
i<=matrix' RIGHT (2);                --i=0
        i<=matrix' HIGH (2);         --i=9
        i<=matrix' LOW(2);           --i=0
```

③ 信号属性函数。信号属性函数主要是用来得到信号的各种行为功能信息：包括信号值的变化、信号变化后经过的时间、变化前的信号值等。可分为以下 5 种属性：

a. 'EVENT——如果在当前一个很短的时间间隔内事件发生了，则返回"真"值，否则返回"假"值。

b. 'ACTIVE——如果在当前一个相当小的时间间隔内信号发生了改变，则返回"真"值，否则返回"假"值。

c. 'LAST_EVENT——该属性函数将返回一个时间值，即从信号前一个事件发生到现在所经过的时间。

d. 'LAST_VALUE——该属性函数将返回一个值，即信号最后一次改变以前的值。

e. 'LAST_ACTIVE——该属性函数返回一个时间值，即从信号前一次改变到现在的时间。

若进程对某信号赋值，且赋给信号的新值与信号的原值不同，则称该信号上发生了"事件"。在仿真过程中，对信号进行操作必须指明三项内容：信号名，这是被操作的对象；操作发生的时刻；信号值。在仿真器中，通常把由这三项内容指定的对信号的操作也称为事件，并把对信号的操作保存在一个称为"信号操作队列"（也称为"事件队列"）的链表中。

属性'EVENT 和'LAST_VALUE：'EVENT 主要用来检测脉冲信号的正跳变和负跳变边沿，也可以检查信号是否刚发生变化并且正处于某一电平值。

【例 6-32】D 触发器时钟脉冲上升沿的检测。
```
LIBRARY IEEE;
USE IEEE.STD_LOGIC_1164.ALL;
ENTITY dff IS
PORT (d, clk: IN STD_LOGIC;
q: OUT STD_LOGIC);
END dff;
ARCHITECTURE dff OF dff IS
BEGIN
PROCESS (clk) IS
BEGIN
IF (clk='1') AND (clk'EVENT) THEN
q<=d;
END IF;
END PROCESS;
END ARCHITECTURE dff;
```
上例中用属性'EVENT 检出时钟脉冲的上升沿。上升沿的发生是由两个条件来约束的，即如果时钟脉冲目前处于"1"电平，而且时钟脉冲刚刚从其他电平变为"1"电平。

在上例中，如果原来的电平为"0"，那么逻辑是正确的。如果原来的电平是不定状态，则上例的描述同样也被认为出现了上升沿，显然这种情况是错误的。为了避免出现这种逻辑错误，最好使用属性'LAST_VALUE，即将上例中 IF 语句改写为：

```
IF (clk='1') AND (clk'EVENT) AND (clk'LAST_VALUE='0') THEN
    q<=d;
END IF;
```

该语句可确保 clk 在变成"1"电平之前一定是处于"0"状态。

在上例中，由于 clk 是该进程的唯一敏感量，只要 clk 发生变化就启动进程，所以与 clk'EVENT 起到的作用一致，故 clk'EVENT 可有可无，只有在进程中有多个敏感量时，clk'EVENT 才是必需的。

属性'LAST_EVENT：属性'LAST_ EVENT 可得到信号上各种事件发生以来所经过的时间。该属性常用于检查定时时间，如检查建立时间、保持时间和脉冲宽度等。

【例 6-33】D 触发器建立时间的检测。

```
LIBRARY IEEE;
USE IEEE.STD_LOGIC_1164. ALL;
ENTITY dff IS
GENERIC (setup_time, hold_time: TIME);
PORT (d, clk: IN cal_resist STD_LOGIC;
q: OUT STD_LOGIC);
    END dff;
ARCHITECTURE dff_behav OF dff IS
BEGIN
setup_check: PROCESS (clk)
BEGIN
IF (clk'LAST_VALUE='1') AND (clk'EVENT) THEN
ASSERT (d'LAST_EVENT>=setup_time)
REPORT "SETUP VIOLATON"
SEVERITY ERROR;
        END IF;
END PROCESS;
dff_process: PROCESS (clk)
BEGIN
  IF clk'LAST_VAUE='0' AND clk'EVENT THEN
     q<=d;
  END IF;
END PROCESS;
END dff_behav;
```

属性'ACTIVE 和'LAST_ACTIVE：属性'ACTIVE 是用来检测一个事件的发生或信号的转换。对一个逻辑器件而言，其输入信号改变，器件将启动执行，无论输出信号是否发生变化，都称输出发生了转换。所以，事件发生一定有转换发生。由于转换的发生对实际的电路没有任何影响，因此，'ACTIVE 很少使用。属性'LAST_ ACTIVE 将返回一个时间值，这个时间值是所加信号发生改变或发生某一个事件开始到当前时刻所经历的时间。

【例 6-34】

```
PROCESS
VARIABLE t: time;
```

```
BEGIN
  q<=d after 30ns;
  wait for 10ns;
  t:=q'LAST_ACTIVE;           --t 取 10ns
  ……
END PROCESS;
```

注意：信号值的任何变化，如由"0"变到"1"是一个信号转换，而信号从"0"变到"0"也是一个信号转换，唯一的判断准则是发生了什么事。而信号值发生变化，如从"0"到"1"是一个事件，而从"0"到"0"则不是一个事件，原因是信号值没有发生改变。

（3）信号类属性

根据所加属性的信号去建立一个新的信号，称为信号类属性。所产生的新的信号包含了所加属性的有关信息。信号类属性包括以下 4 种：

① 'DELAYED (t)——t 为时间表达式，该属性将产生一个特别的延时信号，该信号使主信号按 t 确定的时间产生附加的延时。新信号与主信号类型相同。该属性可用来检查信号的保持时间。在使用属性'DELAYED 时，如果所说明的延时时间事先未加定义，那么实际的延时时间就被赋为 0ns。

【例 6-35】使用 clk 信号实现保持时间的描述。

```
LIBRARY IEEE;
USE IEEE. STD_LOGIC_1164.ALL;
ENTITY dff IS
GENERIC (setup_time, hold_time: TIME);
PORT (d, clk: IN STD_LOGIC;
q: OUT STD_LOGIC);
BEGIN
setup_check: PROCESS (clk) IS
BEGIN
IF (clk='1') AND (clk'EVENT) THEN
    ASSERT (d'LAST_ EVENT<= setup_ time)
    REPORT "setup violation"
    SEVERITY ERROR;
    END IF;
    END PROCESS setup_check;
    hold_check: PROCESS (clk'DELAYED (hold_time ))
    BEGIN
    IF (clk'DELAYED(hold_time)='1') AND (clk'DELAYED(hold_time)'EVENT) THEN
       ASSERT (d'LAST_ EVENT = 0ns ) OR (d' LAST_ EVENT<hold_time)
    REPORT "hold violation"
    SEVERITY ERROR;
    END IF;
    END hold_check;
END dff;
ARCHITECTURE dff_behave OF dff IS
BEGIN
dff_process: PROCESS(clk) IS
BEGIN
IF(clk='1')AND(clk'EVENT) THEN
```

```
       q<=d;
      END IF;
     END PROCESS dff_process;
    END dff_behave;
```
上例中如果数据输入信号在要求的保持时间内发生了改变，d'LAST_EVENT 将返回一个低于要求保持时间的值。如果数据输入信号与被延时的 clk 信号是同时发生改变的，那么由 d'LAST_EVENT 返回的是 0ns。

② 'STABLE (t)——当所加属性的信号在时间 t 内没有发生事件，则返回"真"值，否则返回"假"值。该属性中当 t=0 时可以得到与属性'EVENT 相反的值。

属性'STABLE 用来确定信号对应的有效电平，即它可以在一个指定的时间间隔中，确定信号是否正好发生改变或者没有发生改变。属性返回的值就是信号本身的值，用它可以触发其他的进程。

【例 6-36】信号属性'STABLE 的描述。
```
LIBRARY IEEE;
USE IEEE.STD_LOGIC_1164.ALL;
ENTITY exam IS
PORT (a: IN STD_LOGIC;
b: OUT STD_LOGIC);
END ENTITY exam;
ARCHITECTURE pulse OF exam IS
BEGIN
b<=a'STABLE(10 ns);
END pulse;
```
如图 6-1 所示，每当信号 a 电平发生改变，信号 b 的电平将由高电平变为低电平，并持续 10ns（由属性括号内的时间值确定）。信号 a 在 55ns 和 60ns 处各有一次改变，但是由于改变的时间间隔小于 10ns，因此信号 b 从 55ns 到 70ns 将变为低电平。如果属性'STABLE(t)的时间值 t 为 0ns 或者未加说明，则当信号 a 发生改变时，输出信号 b 在相应的时间位置将产生宽度为 Δ 的低电平。

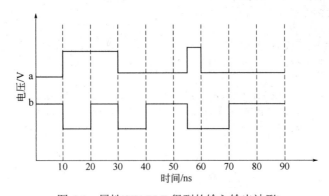

图 6-1 属性'STABLE 得到的输入输出波形

如果属性'STABLE(t)中 t 的时间值为 0（默认值），则时间值可以没有，则可以检测信号的边沿。例如：
```
    IF((clk'EVENT)AND(clk='1')AND (clk'LAST_VALUE='0')) THEN
```

......
END IF;
IF ((NOT(clk'STABLE) AND (clk=' 1') AND (clk'LAST_VALUE='0')) THEN
......
END IF;

上述两种情况用 IF 语句都可以检出上升沿，但是，属性'EVENT 在内存有效利用及速度方面将更加有效。这是因为属性'STABLE 需要建立一个额外的信号，这将使其使用更多的内存。另外，不管对新的信号来说，是否需要该值都要求对其进行刷新。因此，在实际中'EVENT 比'STABLE 更常用。

③ 'QUIET (t)——在括号内的时间表达式所说明的时间内，如果参考信号没有发生转换或其他事件，则返回"真"值，否则返回"假"值。该属性的典型应用是用来对中断优先处理机制进行建模。

属性'QUIET 具有与'STABLE 相同的功能，但是，属性'QUIET 可以由信号转换或事件触发，而'STABLE 属于事件触发。

④ 'TRANSACTION——该属性可以建立一个 BIT 类型的信号，当属性所加的信号发生转换或事件时，其值都将发生改变。该属性通常用于进程调用。

注意：上述的信号类属性不能用于子程序中，否则程序在编译时会出现编译错误信息。

（4）数据类型类属性

数据类属性可以返回数据类型的一个值，并且该值必须是数值类或函数类，其书写格式为：

t'BASE

该属性只能作为其他属性的前缀使用，可以返回子类型所对应基类型的某个属性。

【例 6-37】
```
do_nothing: PROCESS(x)
TYPE color IS (red,blue,green,yellow,brown,black);
SUBTYPE color_gun IS color RANGE red TO green;
VARIABLE a: color;
BEGIN
a:=color_gun'BASE'RIGHT;           --a=black
a:=color'BASE'LEFT;                --a=red
a:=color_gun'BASE'SUCC(green);     --a=yellow
END PROCESS do_nothing;
```

上例中对变量 a 进行赋值的语句中，前两个为数据类型的数值属性，最后一个为数据类型的函数属性。

（5）数据区间类属性

数据区间类属性可以返回数组类型的数据区间。因此，可以用于数组声明或循环设定。包含以下两种：

① a'RANGE[(n)]——其中 n 是输入参数，该属性可以返回约束数组的第 n 维的自然数区间。如果第 n 维的区间范围为升序，则返回值为 a'LEFT[(n)] TO a'RIGHT[(n)]，否则返回值为 a'LEFT[(n)] DOWNTO a'RIGHT[(n)]。

② a'REVERSE_RANGE[(n)]——该属性可以返回约束数组的第 n 维区间范围的倒向。如果第 n 维的区间范围为升序，则返回值为 a'RIGHT[(n)] DOWNTO a'LEFT[(n)]，否则返回值为 a'RIGHT[(n)] TO a'LEFT[(n)]。

【例 6-38】

```
......
SIGNAL range1: IN STD_LOGIC_VECTOR (0 TO 7);
......
FOR i IN range1'RANGE LOOP
......
```

上例中 range1'RANGE 返回的区间即为位矢量 range1 定义的元素范围(0 TO 7)。如果用 range1'REVERSE_RANGE，则返回的区间正好相反，为(7 DOWNTO 0)。

（6）用户自定义的属性

除了前面介绍的在 VHDL 中定义的属性以外，VHDL 允许用户自定义属性。属性和属性值的定义格式为：

ATTRIBUTE 属性名:数据子类型名;
ATTRIBUTE 属性名 OF 目标名:目标集合 IS 公式;

在对要使用的属性进行说明以后，接着就可以对数据类型、信号、变量、实体、构造体、配置、子程序、元件、标号进行具体的描述，例如：

ATTRIBUTE max_area: REAL;
ATTRIBUTE max_area OF fifo: ENTITY IS150.0;

用户自定义属性的值在仿真中是不能改变的，一般也不能用于逻辑综合，但是有的 EDA 工具可以，如 Synplify 综合器中的 synplify.attributes 程序包，DATA I/O 公司的 VHDL 综合器以端口锁定芯片引脚属性，Synopsys FPGA EXPRESS 中也在 synopsys.attribute 程序包定义了一些属性，用以辅助综合器完成一些特殊功能。用户自定义的属性主要用于从 VHDL 到逻辑综合及 ASIC 的设计工具、动态解析工具的数据的过渡。

第7章 应用实例

本章将讨论如何利用 VHDL 设计较复杂的系统,并且以一些实际设计案例为例,为读者设计类似电路提供一些可供参考的实例。

7.1 自动邮票售票机设计

自动邮票售票机可以使邮票销售自动化,节省人力资源,使人们在任何时间都能买到邮票。

[设计要求]

用 FPGA/CPLD 设计自动邮票售票机控制系统,整个系统分两大功能,一是系统维护人员的功能,二是客户的操作功能。

系统维护人员的功能要求是:系统维护人员可以设置邮票的种类(以两种邮票为例),可以设置邮票的面值,可以显示邮票的类型和对应的价格。

客户的操作功能是:客户可以选择购买邮票的种类,可以输入要购买邮票的张数;客户用投掷硬币的方式购买邮票,如果硬币投入值超过购买邮票的总价值,则在取出邮票后自动进行剩余货币找零操作;要求系统设计清零键,当客户设置有错误时,可以用清零键清零,然后重新输入要购买的邮票类型和邮票数量。

要求系统设置输出邮票的指示信号和出票后剩余货币找零的指示信号。

要求系统可以显示客户的投币数值和剩余货币找零数值。

[设计过程]

自动邮票售票机控制系统应该包括邮政系统维护人员对邮票价格的设定功能,邮票种类的选择功能,客户购买时对邮票种类和数量的设定功能,各种信息的显示功能等。总之,要从设计要求出发来设计总体模块图。

7.1.1 自动邮票售票系统总体模块图的设计

自动邮票售票系统总体模块的设计也采用自顶向下的设计方法,从系统的要求和功能出发进行构思。自动邮票售票系统总体模块如图 7-1 所示。

在图 7-1 中,"邮票类型选择与票价设定模块"由 4 个子模块组成:"A 型票价设定模块""B 型票价设定模块""邮票类型选择模块"和"点阵票型显示模块"。在系统中规定了两种类型的邮票:A 型邮票和 B 型邮票,这两种类型邮票票价的设定分别由"A 型票价设定模块"和"B 型票价设定模块"的功能完成。客户在购买邮票时,邮票的类型由"邮票类型选择模块"完成,在选择的过程中系统用"点阵票型显示模块"进行票型的显示。

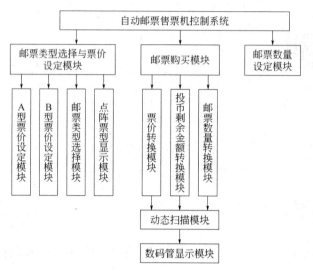

图 7-1 自动邮票售票机控制系统总体模块图

在客户购买邮票时,除了选择邮票的类型,还要输入所购买邮票的数量,这由"邮票数量设定模块"来完成。

将邮票的类型、单价、数量都设定好后,就将这些信息输入"邮票购买模块"中,在"邮票购买模块"中设置客户投币功能、出票功能、剩余货币的找零功能。

为了将投币金额、单价、购买邮票数量、剩余金额等用数码管显示出来,设置了"票价转换模块""投币剩余金额转换模块""邮票数量转换模块"。

为了节省硬件设置,采用了数码管的动态扫描显示,由"动态扫描模块"和"数码管显示模块"组成。

总体模块图确定之后,就要对具体的模块进行设计了,对具体模块的设计要采用自底向上的方法。因此,要从底层模块开始设计。

7.1.2 票价设定模块的设计

要实现票价的设定功能,首先要确定模块的输入,这里设置了票价的输入端 en、清零端 rd1、时钟输入端 clk,输出端只有 1 个,就是票价输出端 q。

"票价设定模块"的 VHDL 程序如下:

```
LIBRARY IEEE;
USE IEEE.STD_LOGIC_1164.ALL;
USE IEEE.STD_LOGIC_UNSIGNED.ALL;
ENTITY piaojia is
    PORT(clk,en,rd1:IN STD_LOGIC;
         q:OUT STD_LOGIC_VECTOR(4 DOWNTO 0));
END piaojia;
ARCHITECTURE one OF piaojia IS
```

```
SIGNAL qn:STD_LOGIC_VECTOR(4 DOWNTO 0);
BEGIN
    q<=qn;
    PROCESS(clk,rd1)
    BEGIN
        IF(rd1='0')THEN
            qn<="00000";
        ELSIF(clk 'EVENT AND clk='1')THEN
            IF(en='0')THEN
                IF(qn="11111")THEN
                    qn<="00000";
                ELSE
                    qn<=qn+1;
                END IF;
            END IF;
        END IF;
    END PROCESS;
END ONE;
```

在上面的程序中，rdl 为清零键，如果对当前设定的票价不满意，按下清零键，票价为 0，可以重新设定。en 为票价设定键，当 en 为 0 时，票价随时钟 clk 的脉冲从 0 开始逐渐加 1，最大票价为 3 元（因此程序中 q 和 qn 用 5 位二进制数表示）。票价为 3 元之后又重新从 0 开始逐步增加，直到选择到满意的票价，立即将 en 键变为 1。

因此在票价设定时要对 en 键进行手工操作，因此时钟 clk 的频率不能太高，这里选 1Hz。程序的波形仿真图如图 7-2 所示。

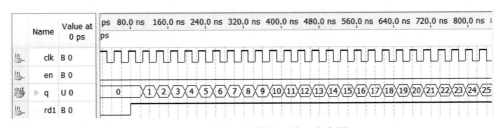

图 7-2 "票价设定模块"波形仿真图

由图 7-2 可知，清零键 rd1 为 0 时，票价 q 为 0，起到了清零的作用。当 rd1 为 1 而且票价设定键 en 为 0 时，票价 q 随时钟 clk 的变化而逐渐增加，当 rd1 为 1 而且 en 为 1 时，票价 q 不再随时钟变化，即票价已经设定。

"票价设定模块"的图形符号如图 7-3 所示。输入端 clk 为 1 Hz 的时钟信号，rd1 为清零端，en 为票价设定端，输出端 q 为票价。

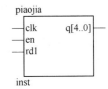

图 7-3 票价设定模块图形符号

7.1.3 邮票类型选择模块的设计

"邮票类型选择模块"是客户用一个按键来选择要购买的邮票是 A 票还是 B 票。可以用状态机进行设计，这里设定 4 种状态，s0、s1、s2、s3。当为 s0 和 s3 状态时，没选择任何类型的邮票；当为 s1 状态时，选择的是 A 类型的邮票，简称 A 票，这时应该输出 A 票的价格；当为 s2 状态时，选择的是 B 类型的邮票，简称 B 票，这时应该输出 B 票的价格。邮票类型选择的状态图如图 7-4 所示。

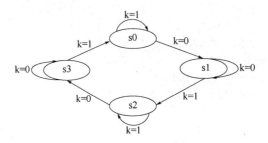

图 7-4 邮票类型选择的状态图

"邮票类型选择模块"的 VHDL 程序如下：

```vhdl
LIBRARY IEEE;
USE IEEE.STD_LOGIC_1164.ALL;
USE IEEE.STD_LOGIC_UNSIGNED.ALL;
ENTITY xuanze IS
    PORT(clk,rd3:IN STD_LOGIC;
         k:IN STD_LOGIC;
         pa,pb:IN STD_LOGIC_VECTOR(4 DOWNTO 0);
         a,b,e:OUT STD_LOGIC;
         q:OUT STD_LOGIC_VECTOR(4 DOWNTO 0));
END xuanze;
ARCHITECTURE a OF xuanze IS
TYPE state_m IS(s0,s1,s2,s3);
SIGNAL state:state_m;
SIGNAL nextstate:state_m;
BEGIN
    reg1:PROCESS(rd3,clk)
        BEGIN
            IF rd3='0'THEN
              State<=s0;
            ELSIF(clk'EVENT AND clk ='1')THEN
              state<=nextstate;
            END IF;
    END PROCESS reg1;
reg2:PROCESS(k,state)
    BEGIN
        CASE state IS
            WHEN s0=>IF k='0'THEN nextstate <=s1;
                ELSE nextstate <=s0;
                END IF;
            WHEN s1=>IF k='1'THEN nextstate <=s2;
                ELSE nextstate <=s1;
```

```
                    END IF;
            WHEN s2=>IF k='0'THEN nextstate <=s3;
                    ELSE nextstate <=s2;
                    END IF;
            WHEN s3=>IF k='1'THEN nextstate <=s0;
                    ELSE nextstate <=s3;
                    END IF;
            WHEN OTHERS=>state<=s0;
        END CASE;
    END PROCESS reg2;
reg3:PROCESS(state)
    BEGIN
        CASE nextstate IS
            WHEN s0=>q<="00000"; a<='0'; b<='0'; e<='1';
            WHEN s1=>q<=pa; a<='1'; b<='0'; e<='0';
            WHEN s2=>q<=pb; a<='0'; b<='1'; e<='0';
            WHEN s3=>q<="00000"; a<='0'; b<='0'; e<='1';
            WHEN OTHERS =>NULL;
        END CASE;
    END PROCESS reg3;
END a;
```

以上程序中用到了 4 种状态：s0，s1，s2，s3。在第一个进程"reg1: PROCESS(rd3,clk)"中，定义了 rd3 为 0 时，恢复到 s0 状态，当 rd3 为 1 时，状态随着时钟的变化而变化。在第二个进程"reg2:PROCESS(k，state)"中，通过 k 值的改变，形成了 4 个状态的循环。在第三个进程"reg3:PROCESS(state)"中，定义了 4 种状态的输出情况：在 s0 状态下，执行"q<="00000"; a<='0'; b<='0'; e<='1';"语句；在 s1 状态下，执行"q<=pa; a<='1'; b<='0'; e<='0';"语句，此时输出 A 票的票价；在 s2 状态下，执行"q<=pb; a<='0'; b<='1'; e<='0';"语句，此时输出 B 票的票价；在 s3 状态下，执行"q<="00000"; a<='0'; b<='0'; e<='1';"语句。

"邮票类型选择模块"的波形仿真如图 7-5 所示。

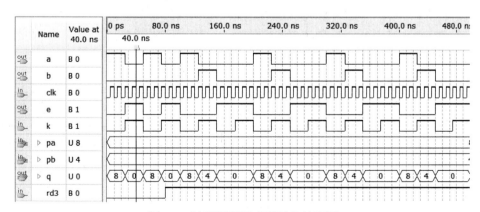

图 7-5 "邮票类型选择模块"波形图

在图 7-5 中，指针处 rd3 为 0，处于状态选择功能，此时的状态 state 为 1，即处于 s1 状态，因此输出应为 A 票的票价，在波形图中的 pa 为 A 票的票价，图中它的取值为 0.8，即 8

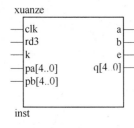

图 7-6 "邮票类型选择模块"图形符号

角钱,此时指针处的票价输出 q 也为 0.8,与此同时,输出 a 端为 1、输出 b 端为 0、输出 e 端也为 0,表示输出 A 票票价,因此仿真结果正确。

"邮票类型选择模块"的图形符号如图 7-6 所示。

在图 7-6 中,输入端 clk 是 1 kHz 的时钟信号,rd3 是清零信号输入端,k 是状态变化开关,pa 是 A 型票价输入端,pb 是 B 型票价输入端。

q 是选定的票价输出端,当输出端 a 为 1 时,输出 A 型票价;当输出端 b 为 1 时,输出 B 型票价;当输出端 e 为 1 时,没选任何类型的邮票,票价输出端 q 为 "00000"。

7.1.4 点阵票型显示模块的设计

"点阵票型显示模块"的功能是在选择不同的邮票类型时,在 8×8 的 LED 点阵上显示出不同的图形,比如选择 A 票时,点阵上就会显示出 "A" 的字样。

下面设定了 3 种显示状态,分别为显示 "A" "B" 和 "X"。

"A" 的显示图案如图 7-7 所示。对点阵的显示采用动态显示,即分列进行轮流显示,只要轮流显示的频率变化较快,显示就不会发生闪烁。A 状态时的编码表如表 7-1 所示。"B" 的显示图案如图 7-8 所示,B 状态时的编码表如表 7-2 所示。"X" 的显示图案如图 7-9 所示,X 状态时的编码表如表 7-3 所示。

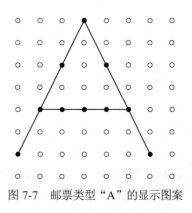

图 7-7 邮票类型 "A" 的显示图案

表 7-1　A 状态时的编码表

Row0	0	0	0	1	0	0	0	0
Row1	0	0	0	0	0	0	0	0
Row2	0	0	1	0	1	0	0	0
Row3	0	0	0	0	0	0	0	0
Row4	0	1	1	1	1	1	0	0
Row5	0	0	0	0	0	0	0	0
Row6	1	0	0	0	0	0	1	0
Row7	0	0	0	0	0	0	0	0

表 7-2　B 状态时的编码表

Row0	0	0	1	1	1	0	0	0
Row1	0	0	1	0	0	1	0	0
Row2	0	0	1	0	0	1	0	0
Row3	0	0	1	1	1	0	0	0
Row4	0	0	1	0	0	1	0	0
Row5	0	0	1	0	0	1	0	0
Row6	0	0	1	1	1	0	0	0
Row7	0	0	0	0	0	0	0	0

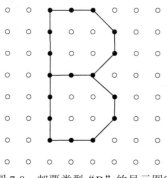

图 7-8 邮票类型"B"的显示图案

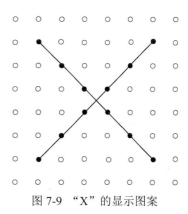

图 7-9 "X"的显示图案

表 7-3 X 状态时的编码表

Row0	0	0	0	0	0	0	0	0
Row1	0	1	0	0	0	0	1	0
Row2	0	0	1	0	0	1	0	0
Row3	0	0	0	1	1	0	0	0
Row4	0	0	0	1	1	0	0	0
Row5	0	0	1	0	0	1	0	0
Row6	0	1	0	0	0	0	1	0
Row7	0	0	0	0	0	0	0	0

"点阵票型显示模块"的 VHDL 程序如下:

```
LIBRARY IEEE;
USE IEEE.STD_LOGIC_1164.ALL;
USE IEEE.STD_LOGIC_UNSIGNED.ALL;
ENTITY dianzhen IS
    PORT(clk,a,b,e:IN STD_LOGIC;
         sela:OUT STD_LOGIC_VECTOR(2 DOWNTO 0);
         rowa:OUT STD_LOGIC_VECTOR(0 TO 7));
END dianzhen;
ARCHITECTURE one OF dianzhen IS
SIGNAL seel:STD_LOGIC_VECTOR(2 DOWNTO 0);
    BEGIN
      sela<=seel;
    PROCESS(clk,seel)
      BEGIN
        IF(clk'event and clk='1')THEN
          IF seel=7 THEN
            seel<="000";
              ELSE
                seel<=seel+1;
              END IF;
            END IF;
        END PROCESS;
        PROCESS(clk)
          BEGIN
```

```vhdl
        IF(clk'EVENT AND clk='1')THEN
          IF a='1'THEN
            CASE seel IS
                WHEN"000"=>rowa<="00000010";
                WHEN"001"=>rowa<="00001000";
                WHEN"010"=>rowa<="00101000";
                WHEN"011"=>rowa<="10001000";
                WHEN"100"=>rowa<="00101000";
                WHEN"101"=>rowa<="00001000";
                WHEN"110"=>rowa<="00000010";
                WHEN"111"=>rowa<="00000000";
                WHEN OTHERS=>rowa<="00000000";
            END CASE;
          ELSIF b='1'THEN
            CASE seel IS
                WHEN"000"=>rowa<="00000000";
                WHEN"001"=>rowa<="00000000";
                WHEN"010"=>rowa<="11111110";
                WHEN"011"=>rowa<="10010010";
                WHEN"100"=>rowa<="10010010";
                WHEN"101"=>rowa<="01101100";
                WHEN"110"=>rowa<="00000000";
                WHEN"111"=>rowa<="00000000";
                WHEN OTHERS=>rowa<="00000000";
            END CASE;
          ELSIF e='1'THEN
            CASE seel IS
                WHEN"000"=>rowa<="00000000";
                WHEN"001"=>rowa<="01000010";
                WHEN"010"=>rowa<="00100100";
                WHEN"011"=>rowa<="00011000";
                WHEN"100"=>rowa<="00011000";
                WHEN"101"=>rowa<="00100100";
                WHEN"110"=>rowa<="01000010";
                WHEN"111"=>rowa<="00000000";
                WHEN OTHERS=>rowa<="00000000";
            END CASE;
          ELSE
            CASE seel IS
                WHEN"000"=>rowa<="00000000";
                WHEN"001"=>rowa<="00000000";
                WHEN"010"=>rowa<="00000000";
                WHEN"011"=>rowa<="00000000";
                WHEN"100"=>rowa<="00000000";
                WHEN"101"=>rowa<="00000000";
                WHEN"110"=>rowa<="00000000";
                WHEN"111"=>rowa<="00000000";
                WHEN OTHERS=>rowa<="00000000";
            END CASE;
```

```
            END IF;
        END IF;
    END PROCESS;
END one;
```

以上程序中，时钟 clk 可以用 1 kHz 脉冲信号，程序中 seel 是为点阵的动态扫描设定的，它的值从 0 到 7 随时钟信号不断循环变化。a=1 时，使点阵显示"A"；b=1 时，使点阵显示"B"字；e=1 时，使点阵显示"X"。

显示"A"字时，程序的波形仿真图如图 7-10 所示。

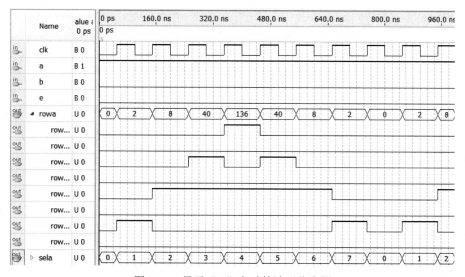

图 7-10　显示"A"字时的波形仿真图

从图 7-10 中可以看出，a 为 1 而且 b 和 e 都为 0 时，当 sela 由 0 变化到 7 时，rowa0~rowa7 显示了"A"字。

显示"B"字时，程序的波形仿真图如图 7-11 所示。

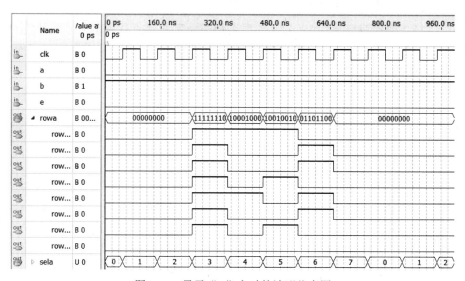

图 7-11　显示"B"字时的波形仿真图

从图 7-11 中可以看出，b 为 1 而且 a 和 e 都为 0 时，当 sela 由 0 变化到 7 时，rowa0~rowa7 显示了 "B" 字。

显示 "X" 字时，程序的波形仿真图如图 7-12 所示。

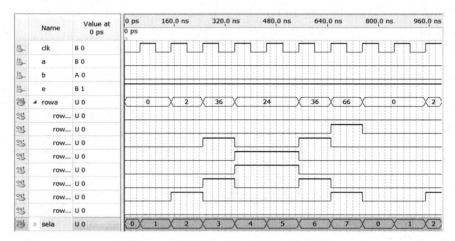

图 7-12 显示 "X" 字时的波形仿真图

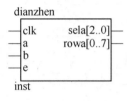

图 7-13 点阵显示模块图形符号

从图 7-12 中可以看出，e 为 1 而且 a 和 b 都为 0 时，当 sela 由 0 变化到 7 时，rowa0~rowa7 显示了 "X" 图形。

点阵显示模块的图形符号如图 7-13 所示。

图 7-13 中，输入端 clk 是 1 kHz 的时钟信号，a，b，e 是选择邮票类型的输入信号，当 a 为 1 且 b 和 e 均为 0 时，点阵显示 "A" 字；当 b 为 1 且 a 和 e 均为 0 时，点阵显示 "B" 字；当 e 为 1 且 a 和 b 均为 0 时，点阵显示 "X"。输出端 sela 是点阵动态扫描时选择行的输出信号，rowa 输出点阵每行的显示信息。

7.1.5 邮票类型选择与票价设定模块的设计

前面已经将"票价设定模块""邮票类型选择模块"和"点阵票型显示模块"设计好了，现在可以由这些模块来设计"邮票类型选择与票价设定模块"，可以直接调用已经设计好的底层模块组成该模块的电路图。

"邮票类型选择与票价设定模块"的电路图如图 7-14 所示。

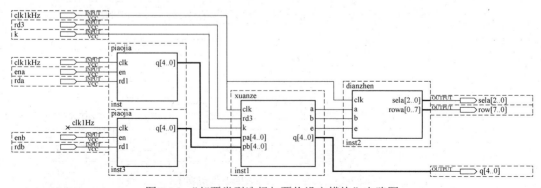

图 7-14 "邮票类型选择与票价设定模块"电路图

图 7-14 由 4 个模块组成，其中"A 型票价设定模块"和"B 型票价设定模块"均采用"票价设定模块"，另外两个模块是"邮票类型选择模块"和"点阵票型显示模块"。

"邮票类型选择与票价设定模块"的图形符号如图 7-15 所示。

在图 7-15 中，有两个时钟输入信号，一个是 clk1Hz，另一个是 clk1kHz。有 rda、rdb、rd3 共 3 个清零端，它们分别是 A 型票价、B 型票价和邮票类型选择清零信号的输入端，它们都是低电平有效。ena 和 enb 输入端分别为 A 型票价和 B 型票价的票价设定端。k 为邮票类型设定端。

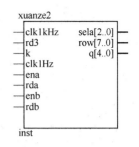

图 7-15 "邮票类型选择与票价设定模块"图形符号

在图 7-15 中，有 3 个输出端，q 输出选定邮票类型的标价，sela 和 row 输出动态点阵显示信号，sela 是点阵行的选择信号，row 输出对应行的输出编码。

"邮票类型选择与票价设定模块"的波形仿真图如图 7-16 所示。

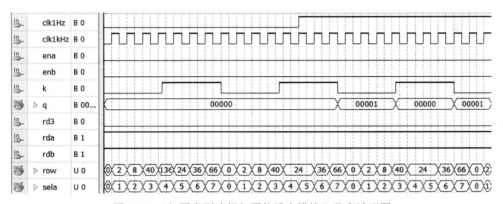

图 7-16 "邮票类型选择与票价设定模块"仿真波形图

在图 7-16 中，清零键 rd3 为 0，rda、rdb 均为 1，即处于非清零状态，此时类型选择开关 k 变化是 row0~row7 在变化，即输出的邮票类型选择在变化，图中输出的依次为"A""B""X""X""A"，因此波形仿真图说明设计符合要求。

7.1.6 邮票数量设定模块的设计

"邮票数量设定模块"的功能是允许客户设定要购买的邮票数量，实际上邮票数量的设定可以是任意多个，如果用开关设定，所需开关个数太多了，因此用状态机设计。用状态机设计时，只需要一个开关，假定一次购买一种类型邮票数量最多是 9 张，则状态图如图 7-17 所示。

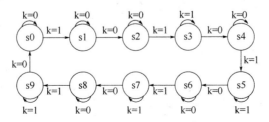

图 7-17 邮票数量选择状态图

在图 7-17 中，开关 k 的值由 0 变化到 1 或由 1 变化到 0 时，状态都在变化。邮票数量选择模块的 VHDL 程序如下：

```vhdl
LIBRARY IEEE;
USE IEEE.STD_LOGIC_1164.ALL;
USE IEEE.STD_LOGIC_UNSIGNED.ALL;
ENTITY shuliang IS
    PORT(clk,rd6:IN STD_LOGIC;
         k:IN STD_LOGIC;
         c:OUT STD_LOGIC_VECTOR(4 DOWNTO 0));
END shuliang;
ARCHITECTURE one OF shuliang IS
TYPE state_m IS(s0,s1,s2,s3,s4,s5,s6,s7,s8,s9);
SIGNAL state:state_m;
SIGNAL nextstate:state_m;
SIGNAL p:STD_LOGIC_VECTOR(4 DOWNTO 0);
BEGIN
    c<=p;
    PROCESS(rd6,clk,k,state)
      BEGIN
        IF(rd6='0')THEN
          State<=s0;
        ELSIF(clk'EVENT AND clk='1')THEN
          State<=nextstate;
        END IF;
CASE state IS
  WHEN s0=>IF k='1'THEN nextstate <=s1;
       ELSE nextstate<=s0;
       END IF;
  WHEN s1=>IF k ='1'THEN nextstate <=s2;
       ELSE nextstate<=s1;
       END IF;
  WHEN s2=>IF k='1'THEN nextstate <=s3;
       ELSE nextstate<=s2;
       END IF;
  WHEN s3=>IF k ='1'THEN nextstate <=s4;
       ELSE nextstate<=s3;
       END IF;
  WHEN s4=>IF k='1'THEN nextstate <=s5;
       ELSE nextstate<=s4;
       END IF;
  WHEN s5=>IF k='1'THEN nextstate <=s6;
       ELSE nextstate<=s5;
       END IF;
  WHEN s6=>IF k='1'THEN nextstate <=s7;
       ELSE nextstate<=s6;
       END IF;
  WHEN s7=>IF k='1'THEN nextstate <=s8;
       ELSE nextstate<=s7;
       END IF;
```

```
    WHEN s8=>IF k='1'THEN nextstate <=s9;
           ELSE nextstate<=s8;
           END IF;
    WHEN s9=>IF k='1'THEN nextstate <=s0;
           ELSE nextstate<=s9;
           END IF;
    WHEN OTHERS =>state<=s0;
  END CASE;
  CASE nextstate IS
    WHEN s0=>p<="00000";
    WHEN s1=>p<="00001";
    WHEN s2=>p<="00010";
    WHEN s3=>p<="00011";
    WHEN s4=>p<="00100";
    WHEN s5=>p<="00101";
    WHEN s6=>p<="00110";
    WHEN s7=>p<="00111";
    WHEN s8=>p<="01000";
    WHEN s9=>p<="01001";
    WHEN OTHERS=>NULL;
  END CASE;
  END PROCESS;
END one;
```

上面程序中 clk 是输入时钟信号，使用 1Hz 脉冲信号。rd6 为 0 时，状态恢复到 s0。k 键的功能是改变程序中的状态，k 从 0 变为 1 或从 1 变为 0 时，程序中的状态都会改变。输出信号为 c[4..0]，在 10 个状态下，对应输出不同的数值，这些数值在 0 到 9 之间。

"邮票数量设定模块"的波形仿真图如图 7-18 所示。

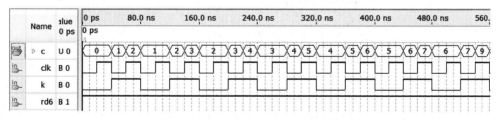

图 7-18 "邮票数量设定模块"波形图

图 7-18 中，清零信号 rd6 为高电平，状态 state 随着时钟信号 clk 的变化而变化，共有 9 个状态。当开关 k 从 0 变为 1 或从 1 变为 0 时，输出端 c 的状态也会改变。

"邮票数量设定模块"的图形符号如图 7-19 所示。

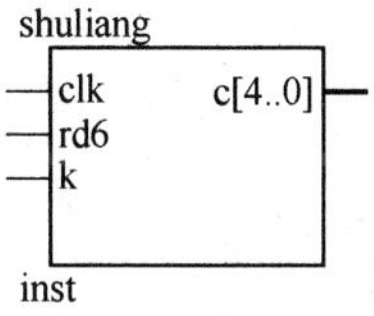

7.1.7 邮票购买模块的设计

图 7-19 "邮票数量设定模块"图形符号

"邮票购买模块"的功能可以分为两个部分，第一部分是"投币"功能，第二部分是"取票"功能。在"投币"功能中，输入钱币的金额可以为 0.1 元、0.5 元、1.0 元。客户可以根据选择邮票类型的票价和购买邮票数量的需要，投入相应的钱币，系统限制投币总值最多为 3.0 元。

"邮票购买模块"的"取票"功能是：如果投入的金额大于或等于需要的钱币，则按下"取票键"时，可以完成取票功能，且出票的指示灯亮。如有剩余的钱币，按下"完成键"，将实现剩余钱币找零的功能。

"邮票购买模块"的 VHDL 程序如下：

```vhdl
LIBRARY IEEE;
USE IEEE.STD_LOGIC_1164.ALL;
USE IEEE.STD_LOGIC_ARITH.ALL;
USE IEEE.STD_LOGIC_UNSIGNED.ALL;
ENTITY buy IS
    PORT(clk,m01,m05,m10,rd4,get,finish:IN STD_LOGIC;
        Pri:IN STD_LOGIC_VECTOR(4 DOWNTO 0);
            Shuliang:IN STD_LOGIC_VECTOR(4 DOWNTO 0);
            b01,b05,b10,chu:OUT STD_LOGIC;
            q: OUT STD_LOGIC_VECTOR(9 DOWNTO 0));
END;
ARCHITECTURE one OF buy IS
SIGNAL coin,c: STD_LOGIC_VECTOR(9 DOWNTO 0);
SIGNAL price:STD_LOGIC_VECTOR(9 DOWNTO 0);
  BEGIN
    q<=coin;
    price<=Pri* Shuliang;
    PROCESS(rd4,clk)
        BEGIN
            IF (rd4='0')THEN--清零
                coin<="0000000000";
            ELSIF(clk'EVENT AND clk='1') THEN--时钟来了初始化
                b01<='0'; b05<='0'; b10<='0'; chu<='0'; c<=coin;
                IF (m01='0')THEN
                    IF (coin >"11110")THEN
                        coin<="0000000000";
                    ELSE
                        coin <=coin+1;
                    END IF;
                ELSIF(m05='0') THEN
                    IF (coin >"11110")THEN
                        coin<="0000000000";
                    ELSE
                        coin <=coin+5;
                    END IF;
                ELSIF(m10='0') THEN
                    IF (coin >"11110")THEN
                        coin<="0000000000";
                    ELSE
                        coin <=coin+10;
                    END IF;
                ELSIF get='0' THEN
                    IF c>= price THEN
                        coin <=c-price;
```

```
                    chu<='1';
                END IF;
            ELSIF finish='0' THEN
                IF coin >"01001" THEN
                    coin <=coin-10;
                    b10<='1';
                ELSIF coin>"00100" THEN
                    coin <=coin-5;
                    b05<='1';
                ELSIF coin>"00000" THEN
                    coin <=coin-1;
                    b01<='1';
                END IF;
            END IF;
        END IF;
    END PROCESS;
END one;
```

以上程序中，输入端有 clk、m01、m05、m10、rd4、get、finish、pri[4..0]、shuliang[4..0]。clk 是时钟信号，采用 1Hz 的脉冲信号。m01、m05、m10 分别代表 0.1 元、0.5 元、1.0 元的投币输入。rd4 为清零键，可以对误操作清零，低电平有效。get 是取票功能键，状态为 0 时，进入取票状态。finish 是找零功能键，状态为 0 时，进入找零状态。Pri[4..0]是输入的票价，Shuliang[4..0]是输入的要购买邮票的数量。

输出端有 b01、b05、b10,chu，q[4..0]。b01, b05, b10 分别代表找零的钱币为 0.1 元、0.5 元、1.0 元。chu 接 LED 指示灯，出票时指示灯亮。q[4..0]随时跟踪输出程序中的金额，即程序中的金额是增加了，还是减少了，都立即显示在数码管上。

程序中，coin 是投入的金额，price 是邮票的单价和要购买邮票的张数的乘积，因此 price 是要购买邮票的费用。当 rd4 为 0 时，coin 值为 0。当 rd4 为 1 时可以投币，当投入 1 角钱时 m01 信号为 0，如果此时 coin 的值大于 30，coin 的值为 0，否则 coin 值加 1；当投入 5 角钱时 m05 信号为 0，如果此时 coin 的值大于 30，coin 的值为 0，否则 coin 值加 5；当投入 1 元钱时 m10 信号为 0，如果此时 coin 的值大于 30，coin 的值为 0，否则 coin 值加 10。

当 get 为 0 时，可以取票，此时如果满足"c>=price"，则可以出票，此时 chu 信号为 1。

在 finish 为 0 时，进行剩余钱币找零操作。在找零程序状态下，找零的金额有 1.0 元、0.5 元、0.1 元，根据剩余的金额，由大到小依次找零。找零时，如果购买邮票后有剩余的钱，即 coin 值不为 0，则首先判断是否满足 1 元钱的找零，如果 coin 大于 9，则找零 1 元，找零 1 元的指示信号 b10 为 1（指示灯亮），而且 coin 值变为"coin-10"。然后判断是否满足 0.5 元钱的找零，如果 coin 大于 5，则找零 0.5 元，找零 0.5 元的指示信号 b05 为 1（指示灯亮），而且 coin 值变为"coin-5"。最后判断是否满足 0.1 元钱的找零，如果 coin 大于 0，则找零 0.1 元，找零 0.1 元的指示信号 b01 为 1（指示灯亮），而且 coin 值变为"coin-1"，直到找零完成为止。

"邮票购买模块"的图形符号如图 7-20 所示。

"邮票购买模块"的波形仿真图如图 7-21 所示。

图 7-20 "邮票购买模块"图形符号

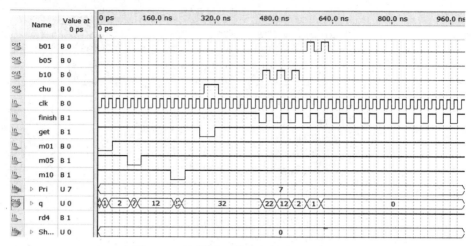

图 7-21 "邮票购买模块"的波形仿真图

在图 7-21 中，rd4 清零端是高电平，因此处于购买状态，对应 m10 为 0 时，为投币 1 元，因此 q 显示 H0A；当 m05 为 0 时，q 显示投币的累加值 0F；当 m01 为 0 时，Q 显示投币的累加值 H10，即累加投币为 1.6 元。

当 get 为 0 时即购买键起作用，出票显示信号 chu 为 1，购买成功。因为票价信号 pri 为 0.7 元，购买数量 shuliang 为 1 张，因此购买后的钱币剩余值为 0.9 元，图 7-21 中的 q 显示了 H09。

当 finish 为 0 时，开始找零，因为钱币剩余值为 0.9 元，因此在图 7-21 中，b05 出现一次高电平，b01 出现四次高电平，共找零 0.9 元，与此同时，q 值从 H09 依次变为 H04、H03、H02、H01，最后为 H00。

7.1.8 数据转换模块的设计

从以上的各程序中可知，票价是用二进制数表示的，但是要在两个数码管上用十进制数显示出来，就要将票价的个位和十位分开，"数据转换模块"的功能就是将票价的个位和十位分开输出。

"数据转换模块"的 VHDL 程序如下：

```
LIBRARY IEEE;
USE IEEE.STD_LOGIC_1164.ALL;
USE IEEE.STD_LOGIC_ARITH.ALL;
USE IEEE.STD_LOGIC_UNSIGNED.ALL;
ENTITY piaojiazhuanhuan IS
    PORT(price:IN STD_LOGIC_VECTOR(4 DOWNTO 0);
         p_h,p_l:OUT STD_LOGIC_VECTOR(4 DOWNTO 0));
END piaojiazhuanhuan;
ARCHITECTURE rtl OF piaojiazhuanhuan IS
BEGIN
  PROCESS(price)
    BEGIN
    IF price<"01010" THEN
      p_h<="00000";
      p_l<=price;
```

```
        ELSIF price="01010" THEN
           p_h<="00001";
           p_l<="00000";
        ELSIF price>"01001" AND price<"10100" THEN
           p_h<="00001";
           p_l<=price-10;
        ELSIF price="10100"THEN
           p_h<="00010";
           p_l<="00000";
        ELSIF price>"10100" AND price<"11110" THEN
           p_h<="00010";
           p_l<=price-20;
        ELSIF price="11110" THEN
           p_h<="00011";
           p_l<="00000";
        ELSE
           p_h<="00000";
           p_l<="00000";
       END IF;
    END PROCESS;
END rtl;
```

从上面的程序中可以看出，票价的高位最多是 3。

"数据转换模块"的波形仿真图如图 7-22 所示。

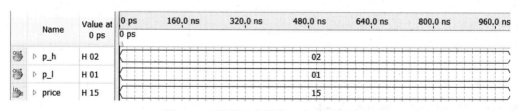

图 7-22 "数据转化模块"仿真波形图

在图 7-22 中，price 的值为 H15，相当于十进制数 21，因此 price 的值的高位 p_h 显 H02 和十进制数 2 是相同的，price 的值的低位 p_l 为 H01 和十进制数 1 是相同的。

"数据转换模块"的图形符号图如图 7-23 所示。

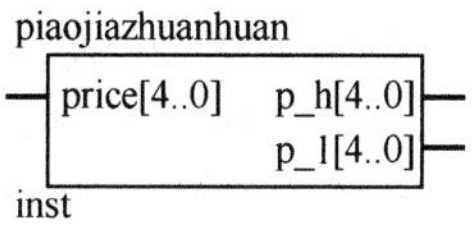

图 7-23 "数据转换模块"图形符号

7.1.9 动态扫描模块的设计

动态扫描模块的原理比较简单，这里不再赘述，它的 VHDL 程序如下。

```
LIBRARY IEEE;
USE IEEE.STD_LOGIC_1164.ALL;
USE IEEE.STD_LOGIC_ARITH.ALL;
USE IEEE.STD_LOGIC_UNSIGNED.ALL;
ENTITY dongtaism IS
   PORT(clk:IN STD_LOGIC;
        msh,msl,sh,sl,mh,ml: IN STD_LOGIC_VECTOR(4 DOWNTO 0);
        dp: OUT STD_LOGIC;
        daout: OUT STD_LOGIC_VECTOR(4 DOWNTO 0);
```

```vhdl
            sel: OUT STD_LOGIC_VECTOR(2 DOWNTO 0));
END;
ARCHITECTURE one OF dongtaism IS
SIGNAL tmp: STD_LOGIC_VECTOR(4 DOWNTO 0);
SIGNAL se: STD_LOGIC_VECTOR(2 DOWNTO 0);
  BEGIN
sel<=se;
daout<=tmp;
PROCESS(clk,se)
 BEGIN
   IF(clk'EVENT AND clk='1') THEN
     IF se="111" THEN
         tmp<="00000";
         se<="000";
     ELSE
se<= se+1;
       CASE se IS
           WHEN"101"=>tmp<=msh;dp<='1';
           WHEN"110"=>tmp<=msl;dp<='0';
           WHEN"011"=>tmp<=sh;dp<='0';
           WHEN"100"=>tmp<=sl;dp<='0';
           WHEN"001"=>tmp<=mh;dp<='1';
           WHEN"010"=>tmp<=ml;dp<='0';
           WHEN OTHERS=>tmp<="00000";dp<='0';
         END CASE;
        END IF;
      END IF;
    END PROCESS;
END;
```

7.1.10 数码管显示模块的设计

数码管显示程序如下。

```vhdl
LIBRARY IEEE;
USE IEEE. STD_LOGIC_1164.ALL;
USE IEEE. STD_LOGIC_UNSIGNED.ALL;
ENTITY youpiaoqiduan IS
      PORT(d:IN STD_LOGIC_VECTOR(4 DOWNTO 0);
          Seg: OUT STD_LOGIC_VECTOR(6 DOWNTO 0));
END youpiaoqiduan;
ARCHITECTURE a OF youpiaoqiduan IS
   BEGIN
      Seg<="0111111"WHEN d=0 ELSE
         "0000110"WHEN d=1 ELSE
         "1011011"WHEN d=2 ELSE
         "1001111"WHEN d=3 ELSE
         "1100110"WHEN d=4 ELSE
         "1101101"WHEN d=5 ELSE
         "1111101"WHEN d=6 ELSE
         "0000111"WHEN d=7 ELSE
```

```
"1111111"WHEN d=8 ELSE
"1101111"WHEN d=9 ELSE
"0000000";
END a;
```

7.1.11 综合设计

上面将所有的子模块都已经设计出来了,只要将所有的子模块按设计总体模块图 7-1 连接成系统总图即可,如图 7-24 所示。

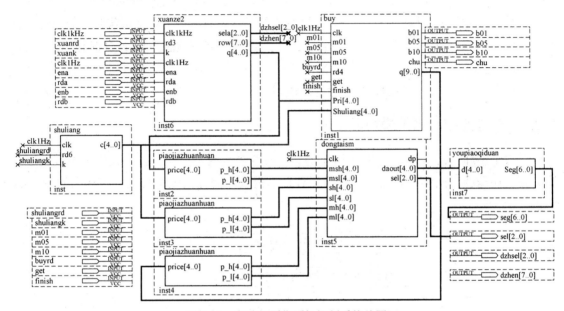

图 7-24 自动邮票售票机控制系统总图

图 7-24 中左边的第一个模块是"票价类型选择与票价设定模块",第二个模块是"邮票购买模块",第三个模块是"邮票数量设定模块",第四个模块是"票价转换模块",第五个模块是"动态显示模块",右边的一个模块是"数码管显示模块"。

自动邮票售票机的图形符号如图 7-25 所示。

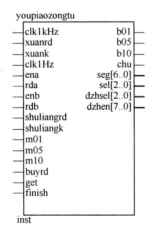

图 7-25 自动邮票售票机图形符号

7.2 交通灯控制系统的设计

用 FPGA/CPLD 实现交通灯控制系统的设计很方便。

[设计要求]

用 FPGA/VPLD 设计一个十字路口交通灯控制系统，要求如下：

交通灯从绿色变成红色时，要经过黄色的过渡，黄色灯亮的时间为 5s；

交通灯从红色变成绿色时，不需要经过黄色的过渡，直接由红色变成绿色，绿色灯点亮的时间为 25s，红色灯点亮的时间为 20s；各种灯点亮时，要实现时间的倒计时显示。

[设计过程]

设计过程采用自顶向下的模块化设计方法。

7.2.1 交通灯控制系统模块图

假设十字路口的方向为 X 方向和 Y 方向，对两个方向需要两个控制模块来控制交通灯的点亮，还需要时间倒计时显示，即需要有显示模块，因此系统的总设计模块图如图 7-26 所示。

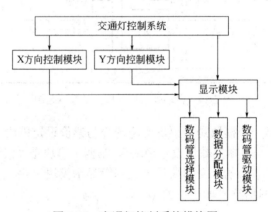

图 7-26 交通灯控制系统模块图

从图 7-26 中可以看出整个系统由三个大模块组成，它们分别是 X 方向控制模块、Y 方向控制模块、显示模块。其中显示模块又包含三个子模块，它们分别是数码管选择模块、数据分配模块和数码驱动模块。

7.2.2 控制模块设计

控制模块是整个控制系统的核心部分，它实现交通灯三个颜色的交替点亮和时间的倒计时控制。

假设十字路口的方向一个是 X 方向，另一个是 Y 方向，每个方向上的交通灯的转换方式如图 7-27 所示。

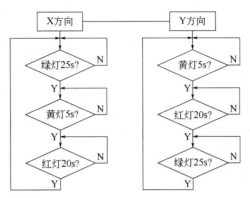

图 7-27 交通灯点亮的转换方式

X 方向的控制程序如下：

```
    LIBRARY IEEE;
USE IEEE.STD_LOGIC_1164.ALL;
USE IEEE.STD_LOGIC_UNSIGNED.ALL;
ENTITY coma IS
    PORT (clk: IN STD_LOGIC;
        z,g,y:OUT STD_LOGIC;
        timh,timl:OUT STD_LOGIC_VECTOR(3 DOWNTO 0));
END;
ARCHITECTURE corner OF coma IS
TYPE rgy IS(green,yellow,red);
BEGIN
PROCESS(clk)
VARIABLE a:STD_LOGIC;
VARIABLE th,tl:STD_LOGIC_VECTOR(3 DOWNTO 0);
VARIABLE state:rgy;
    BEGIN
      IF(clk'EVENT AND clk='1')THEN
          CASE state IS
            WHEN green=>
                IF a='0' THEN
                    th:="0010";      --2
                    tl:="0100";      --4
                    a:='1';
                    g<='1';
                    z<='0';
                    y<='0';
                ELSE
                    IF NOT (th="0000" AND tl="0001") THEN
                      IF tl="0000" THEN
                        tl:="1001";
                        th:=th-1;
                      ELSE
```

```vhdl
                    tl:=tl-1;
                END IF;
        ELSE
                    th:="0000";
                    tl:="0000";
                    a:='0';
                    state:=yellow;
            END IF;
                END IF;
    WHEN yellow=>
            IF a='0' THEN
                th:="0000";
                tl:="0100";
                a:='1';
                y<='1';
                g<='0';
                z<='0';
        ELSE
          IF NOT (th="0000"AND tl="0001") THEN
                tl:=tl-1;
          ELSE
                th:="0000";
                tl:="0000";
                a:='0';
                state:=red;
          END IF;
        END IF;
    WHEN red=>
    IF a='0' THEN
        th:= "0001";
        tl:="1001";
                a:='1';
                z<='1';
                y<='0';
                g<='0';
    ELSE
      IF NOT (th="0000" AND tl="0001") THEN
        IF tl="0000" THEN
            tl:="1001";
                th:=th-1;
            ELSE
            tl:=tl-1;
            END IF;
            ELSE
            th:="0000";
            tl:="0000";
```

```
                    a:='0';
                    state:=green;
                END IF;
            END IF;
         END CASE;
      END IF;
    timh<=th;
    timl<=tl;
   END PROCESS;
END corner;
```

在以上程序中，实体部分定义的输入时钟信号 clk 为 1Hz 的脉冲信号，z、g、y 为接交通灯的信号，timh 和 timl 为时间显示信号的十位和个位值。

在结构体中定义了交通灯显示状态 rgy，显示状态的顺序分别为绿、黄、红（green、yellow、red）。在进程中进行交通灯点亮的循环操作和倒计时，定义了变量 a 为倒计时的标志，a 为 0 时倒计时开始，此时设置倒计时的初始值和哪种类型的灯点亮，并将 a 置 1。a 为 1 时倒计时在进行中，当倒计时记到时间的高位和低位均为零时，a 置 0，并且将状态设置为下一种该点亮的交通灯。

X 方向控制程序的波形仿真图如图 7-28 所示。

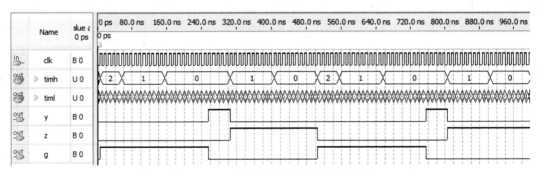

图 7-28　X 方向控制程序的波形仿真图

在图 7-28 中的指针处状态 state 为 0，此时绿灯亮，即 g 为 1，y 和 r 均为 0。输出的倒计时从 24s（timh 为 2，timl 为 4）到 0s（timh 为 0，timl 为 0）。

X 方向控制模块的图形符号如图 7-29 所示。

Y 方向的控制程序如下：

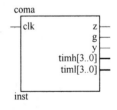

图 7-29　X 方向控制模块的图形符号

```
LIBRARY IEEE;
USE IEEE.STD_LOGIC_1164.ALL;
USE IEEE.STD_LOGIC_UNSIGNED.ALL;
ENTITY comb IS
     PORT (clk:IN STD_LOGIC;
           r,g,y:OUT STD_LOGIC;
           timh,timl: OUT STD_LOGIC_VECTOR(3 DOWNTO 0));
END comb;
ARCHITECTURE comer OF comb IS
    TYPE rgy IS(yellow,red,green);
      BEGIN
```

```vhdl
PROCESS(clk)
VARIABLE a: STD_LOGIC;
VARIABLE th,tl: STD_LOGIC_VECTOR(3 DOWNTO 0);
VARIABLE state:rgy;
    BEGIN
      IF(clk 'EVENT AND clk='1')THEN
        CASE state IS
          WHEN yellow=>
              IF a='0' THEN
                th:= "0000";
                tl:= "0100";
                a:='1';
                y<='1';
                g<='0';
                r<='0';
              ELSE
                IF NOT(th="0000" AND tl="0001") THEN
                   tl:=tl-1;
                ELSE
                   th:= "0000";
                   tl:= "0000";
                        a:='0';
                        state:=red;
                       END IF;
                       END IF;
             WHEN red=>
              IF a='0' THEN
                th:= "0001";
                tl:= "1001";
                a:='1';
                r<='1';
                y<='0';
                g<='0';
              ELSE
                    IF NOT(th="0000" AND tl="0001") THEN
                       IF tl="0000" THEN
            tl:= "1001";
            th:=th-1;
              ELSE
            tl:=tl-1;
            END IF;
                ELSE
                   th:= "0000";
                   tl:= "0000";
                        a:='0';
                        state:=green;
                  END IF;
                  END IF;
             WHEN green=>
```

```
                        IF a='0'THEN
                            th:= "0010";
                                tl:= "0100";
                                a:='1';
                                    g<='1';
                                    r<='0';
                                    y<='0';
                                ELSE
                                    IF NOT(th="0000"AND tl="0001")THEN
                                        IF tl="0000"THEN
                                            tl:= "1001";
                                            th:=th-1;
                                        ELSE
                                    th:= "0000";
                                    tl:= "0000";
            a:='0';
            state:=yellow;
                            END IF;
                    END IF;
                END IF;
            END CASE;
        END IF ;
        timh<=th;
        timh<=tl;
END PROCESS;
END comer;
```

从以上程序可以看出，Y 方向的程序和 X 方向的程序只在交通灯点亮的初始状态上有差别，其他完全相同，不再赘述。

Y 方向控制模块的图形符号如图 7-30 所示。

7.2.3 显示模块设计

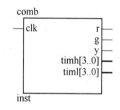

图 7-30　Y 方向控制
模块的图形符号

显示模块又分成了三个子模块，它们分别是：数码管选择模块、数码管显示数据分配模块和数码管驱动模块。

（1）数码管选择模块

在开发系统上有 8 个数码管，选择其中的两对分别作为 X 方向和 Y 方向的倒计时显示，数码管的选择程序如下：

```
USE IEEE.STD_LOGIC_1164.ALL;
USE IEEE.STD_LOGIC_UNSIGNED.ALL;
ENTITY sel IS
    PORT (clk:IN STD_LOGIC;
        sell:OUT STD_LOGIC_VECTOR(2 DOWNTO 0));
END;
ARCHITECTURE sel_xc OF sel IS
BEGIN
  PROCESS (clk)
    VARIABLE tmp:STD_LOGIC_VECTOR(2 DOWNTO 0);
      BEGIN
```

```
            IF ( clk'EVENT AND clk='1') THEN
                IF tmp="000" THEN
                    tmp:= "001";
                ELSIF tmp="001" THEN
                    tmp:= "100";
                ELSIF tmp="100" THEN
                    tmp:= "101";
                ELSIF tmp="101" THEN
                    tmp:= "000";
                END IF;
            END IF;
        sell<=tmp;
    END PROCESS;
END;
```

在上面的程序中，选择了编码为 000、001、100 和 101 的四个数码管作为 X 方向和 Y 方向的交通灯倒计时显示。

从图 7-31 中可以看出，选择了 0、1 和 4、5 两对数码管作为 X 方向和 Y 方向的交通灯倒计时显示。

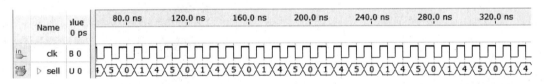

图 7-31 数码管选择程序波形仿真图

数码管选择模块的图形符号如图 7-32 所示。

（2）数码管显示数据分配模块

数码管的显示数据分配程序如下：

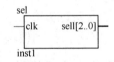

图 7-32 数码管选择
模块的图形符号

```
LIBRARY IEEE;
USE IEEE.STD_LOGIC_1164.ALL;
ENTITY cb41a IS
    PORT (sel:IN STD_LOGIC_VECTOR(2 DOWNTO 0);
        D0,d1,d2,d3: STD_LOGIC_VECTOR(3 DOWNTO 0);
            Q: OUT STD_LOGIC_VECTOR(3 DOWNTO 0));
END;
ARCHiTECTURE ch41_arc OF cb41a IS
BEGIN
  PROCESS (sel)
    BEGIN
     CASE sel IS
       WHEN"100"=>Q<=d2;
         WHEN"101"=>Q<=d3;
         WHEN"000"=>Q<=D0;
         WHEN OTHERS=>Q<=d1;
      END CASE;
  END PROCESS;
END;
```

在以上的程序中，8 个数码管由 CASE 语句的敏感量 sel 控制，只允许编码为 000、001、100 和 101 的四个数码管显示，它们显示的数值分别为 D0、d1、d2、d3。

数码管显示数据分配程序的波形仿真图如图 7-33 所示。

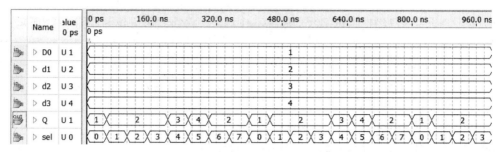

图 7-33　数码管显示数据分配波形仿真图

在图 7-33 中，D0、d1、d2、d3 分别被置数为 1、2、3、4，当 sel 为 0 和 1 时，输出 Q 值为 1 和 2，当 sel 为 4 和 5 时，输出 Q 值为 3 和 4，符合设计要求。

数码管显示数据分配模块的图形符号如图 7-34 所示。

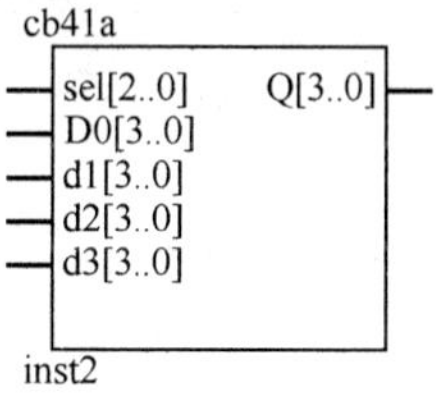

（3）数码管驱动模块

数码管的驱动程序如下：

图 7-34　数码管显示数据分配模块的图形符号

```
LIBRARY IEEE;
USE IEEE.STD_LOGIC_1164.ALL;
ENTITY dispa IS
     PORT(d:IN STD_LOGIC_VECTOR(3 DOWNTO 0);
        q0,q1,q2,q3,q4,q5,q6:OUT STD_LOGIC);
END;
ARCHITECTURE disp_arc OF dispa IS
BEGIN
PROCESS(d)
   VARIABLE q: STD_LOGIC_VECTOR(6 DOWNTO 0);
     BEGIN
       CASE d IS
           WHEN"0000"=>q:= "0111111";
           WHEN"0001"=>q:= "0000110";
           WHEN"0010"=>q:= "1011011";
           WHEN"0011"=>q:= "1001111";
           WHEN"0100"=>q:= "1100110";
           WHEN"0101"=>q:= "1101101";
           WHEN"0110"=>q:= "1111101";
           WHEN"0111"=>q:= "0100111";
           WHEN"1000"=>q:= "1111111";
             WHEN OTHERS=>q:= "1101111";
       END CASE;
         q0<=q(0);
           q1<=q(1);
           q2<=q(2);
           q3<=q(3);
```

```
                q4<=q(4);
                q5<=q(5);
                q6<=q(6);
    END PROCESS;
    END;
```

数码管驱动程序已经使用过多次,这里不作解释,它的波形仿真图如图 7-35 所示,图形符号如图 7-36 所示。

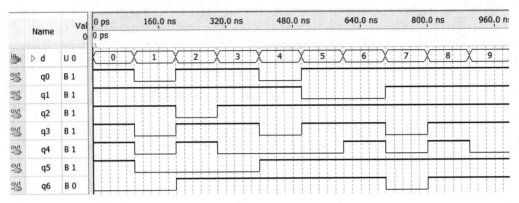

图 7-35 数码管驱动程序仿真图

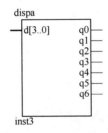

图 7-36 数码管驱动模块的图形符号

因此显示模块的组成如图 7-37 所示,波形仿真图如图 7-38 所示,图形符号如图 7-39 所示。

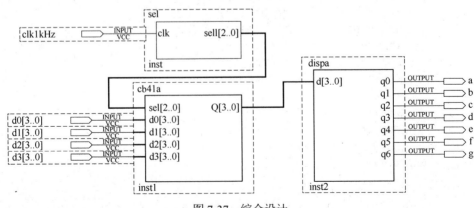

图 7-37 综合设计

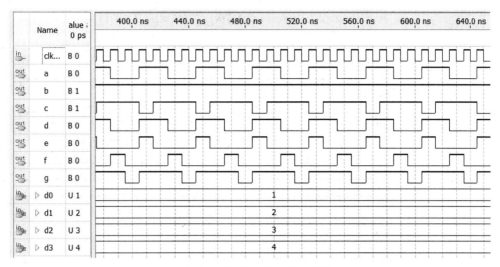

图 7-38 显示模块的波形仿真图

在图 7-35 中，由 sel 选择的数码管编号是 0、1、2、3、4、5、6、7、8、9。图中设置 d0、d1、d2、d3 的值分别为 0、1、2、3，对应时钟信号的变化，输出数码管的 a、b、c、d、e、f、g 七段显示是正确的。例如图中指针处显示编码为 5 的数码管，对应的显示数字为 4，此时对应数码管七段值的值为 1100110（g～a）。

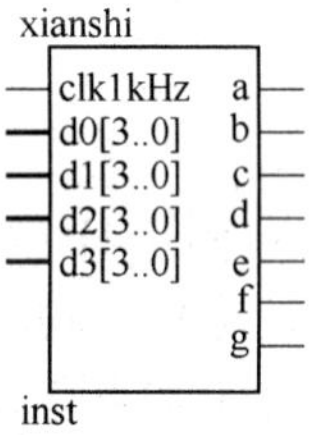

7.2.4 综合设计

整个交通灯控制系统的组成如图 7-40 所示。

图 7-39 显示模块的图形符号

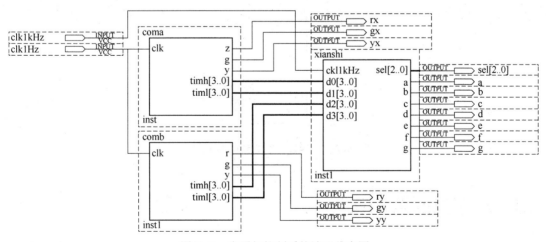

图 7-40 交通灯控制系统波形仿真图

由图 7-40 可知，整个系统由三大模块组成，图中有两个时钟信号，一个是 1Hz 的信号，供 X 方向和 Y 方向的控制模块使用，另一个是 1kHz 的时钟信号，供显示模块使用。

交通灯控制系统的波形仿真图如图 7-41 所示。

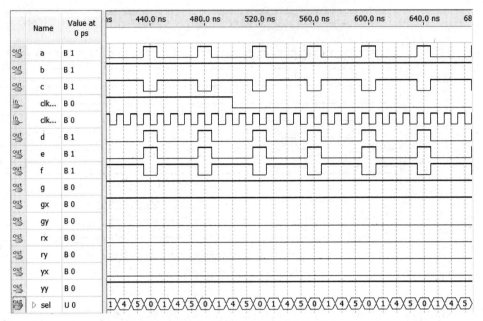

图 7-41　交通灯控制系统波形仿真图

在图 7-41 中，sel 为 4 处对应的是 X 方向的绿灯点亮，即 gx 为 1，Y 方向的黄灯点亮，即 yy 为 1。与此同时，sel 为 4 数码管显示的值为 0。

交通灯控制系统的图形符号如图 7-42 所示。

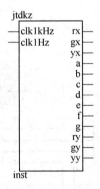

图 7-42　交通灯控制系统的图形符号

7.3　八路抢答器的设计

抢答器是一个经典的设计实例，有多种实现方法，这里给出 VHDL 实现八路抢答器电路的设计过程。

[设计要求]

设计一个八路抢答器。使其具有 8 路定时抢答功能，抢答时间设定为 30s，主持人按下"开始"后，定时器立即倒计时，并通过 LED 显示，同时扬声器发出短暂的声响约 0.5s。

选手在设定时间内抢答为抢答有效,此时定时器停止工作,显示电路显示选手编号和抢答时刻的时间,该显示一直持续到系统清零为止。如抢答的时间已到却没有选手抢答,则本次抢答无效,系统短暂报警,并封锁输入电路,禁止选手超时抢答,时间显示为"00"。

[设计过程]

八路抢答器的系统框图如图 7-43 所示,八路抢答器系统采用两种时钟频率,分别为 1Hz 和 1024Hz。倒计时模块时钟信号采用 1Hz 的时钟信号,数码管片选模块的时钟信号采用 1024Hz 时钟信号。

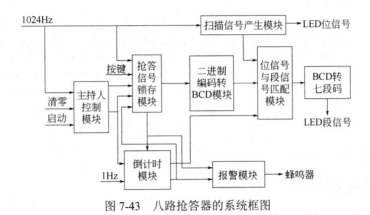

图 7-43　八路抢答器的系统框图

7.3.1　主持人控制模块

主持人控制模块的主要作用是主持人可对抢答状态进行复位和发出抢答开始的信号,当主持人按下清零键时对抢答状态进行复位,抢答选手号清零,倒计时时间显示为"30s";当主持人按下启动按键时启动抢答,选手可开始抢答。

主持人控制模块的程序:

```
LIBRARY IEEE;
USE IEEE.STD_LOGIC_1164.ALL;
ENTITY zcrkz IS
PORT(clk,clr,stt:IN STD_LOGIC;
     q,c:OUT STD_LOGIC);
END zcrkz;
ARCHITECTURE zcrkz_behave OF zcrkz IS
BEGIN
   PROCESS(clk,clr,stt)
     BEGIN
       IF clr='0'THEN
          q<='0';
          c<='0';
       ELSIF clr='1' AND stt='1' THEN
         IF (clk'EVENT AND clk='0')THEN
            q<='1';
            c<='1';
         END IF;
```

            END IF;
        END PROCESS;
END;

以上程序中，clk 为输入时钟信号；clr 是清零时钟信号；stt 是主持人控制的抢答启动信号，c 为锁存模块提供清零信号，q 为锁存模块提供使能信号。

图 7-44 为主持人控制模块的仿真波形图，图中清零信号 clr 为 0 时 q 为 0，c 输出为 0，当清零信号 clr 为 1，抢答启动信号 stt 为 1 且 clk 信号为 0 时，q 输出为 1，c 输出为 1。

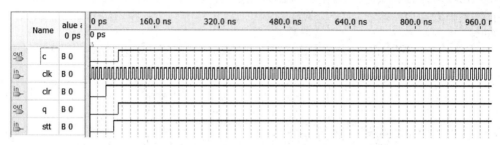

图 7-44　主持人控制模块的波形仿真图

主持人控制模块的图形符号如图 7-45 所示。

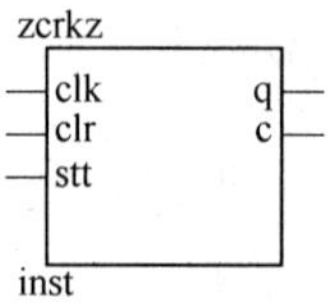

7.3.2　抢答信号锁存模块

抢答信号锁存模块的主要作用是锁存抢答选手按键信号，在进行锁定的同时，输出一个高电平信号停止计时模块并实现声音提示。

图 7-45　主持人控制
模块的图形符号

抢答信号锁存模块的程序：

```
LIBRARY IEEE;
USE IEEE.STD_LOGIC_1164.ALL;
ENTITY qdxhsc IS
PORT(d1,d2,d3,d4,d5,d6,d7,d8:IN STD_LOGIC;
     clk,clr,en,stp:IN STD_LOGIC;
     q1,q2,q3,q4,q5,q6,q7,q8,buz:OUT STD_LOGIC);
END qdxhsc ;
ARCHITECTURE qdxhsc_behave OF qdxhsc IS
SIGNAL en1:STD_LOGIC;
  BEGIN
kz:PROCESS(en,stp)
   VARIABLE tmp:STD_LOGIC_VECTOR(1DOWNTO 0);
     BEGIN
         tmp:=en&stp;
       CASE tmp IS
          WHEN"10"=>en1<='1';
          WHEN"11"=>en1<='0';
          WHEN OTHERS=>en1<='0';
          END CASE;
    END PROCESS kz;
sc:PROCESS(clk)
       BEGIN
          IF clr='0'THEN
```

```
            q1<='1';
            q2<='1';
            q3<='1';
            q4<='1';
            q5<='1';
            q6<='1';
            q7<='1';
            q8<='1';
            buz<='0';
ELSIF en1='1'THEN
ELSIF clk'EVENT AND clk='1'THEN
IF(d1='0' AND d2='1' AND d3='1' AND d4='1' AND d5='1'
AND d6='1' AND d7='1' AND d8='1')THEN
    q1<='0';q2<='1';q3<='1';q4<='1';
    q5<='1';q6<='1';q7<='1';q8<='1';
    buz<='1';
ELSIF (d1='1' AND d2='0' AND d3='1' AND d4='1' AND d5='1'
AND d6='1' AND d7='1' AND d8='1')THEN
    q1<='1';q2<='0';q3<='1';q4<='1';
    q5<='1';q6<='1';q7<='1';q8<='1';
    buz<='1';
ELSIF(d1='1' AND d2='1' AND d3='0' AND d4='1' AND d5='1'
AND d6='1' AND d7='1' AND d8='1')THEN
    q1<='1';q2<='1';q3<='0';q4<='1';
    q5<='1';q6<='1';q7<='1';q8<='1';
    buz<='1';
ELSIF(d1='1' AND d2='1' AND d3='1' AND d4='0' AND d5='1'
AND d6='1' AND d7='1' AND d8='1')THEN
    q1<='1';q2<='1';q3<='1';q4<='0';
    q5<='1';q6<='1';q7<='1';q8<='1';
    buz<='1';
ELSIF(d1='1' AND d2='1' AND d3='1' AND d4='1' AND d5='0'
AND d6='1' AND d7='1' AND d8='1')THEN
    q1<='1';q2<='1';q3<='1';q4<='1';
    q5<='0';q6<='1';q7<='1';q8<='1';
    buz<='1';
ELSIF(d1='1' AND d2='1' AND d3='1' AND d4='1' AND d5='1'
AND d6='0' AND d7='1' AND d8='1')THEN
    q1<='1';q2<='1';q3<='1';q4<='1';
    q5<='1';q6<='0';q7<='1';q8<='1';
    buz<='1';
ELSIF(d1='1' AND d2='1' AND d3='1' AND d4='1' AND d5='1'
AND d6='1' AND d7='0' AND d8='1')THEN
    q1<='1';q2<='1';q3<='1';q4<='1';
    q5<='1';q6<='1';q7<='0';q8<='1';
    buz<='1';
ELSIF(d1='1' AND d2='1' AND d3='1' AND d4='1' AND d5='1'
AND d6='1' AND d7='1' AND d8='0')THEN
q1<='1';q2<='1';q3<='1';q4<='1';
```

```
                    q5<='1';q6<='1';q7<='1';q8<='0';
                    buz<='1';

                END IF;
        END IF;
END PROCESS sc;
END;
```

在以上程序中，clk 为时钟脉冲输入信号；clr 为清零端；en 为锁存模块使能端；stp 为锁存模块停止端；d1、d2、d3、d4、d5、d6、d7、d8 为选手按键开关；q1、q2、q3、q4、q5、q6、q7、q8 为锁存输出端；buz 为声音提示信号，同时可停止倒计时模块计时。

图 7-46 为抢答信号锁存模块的仿真波形，当清零信号 clr 为 0 时，q 输出为 0，buz 输出也为 0；当 clr、en 为 1 时，此模块正常工作。

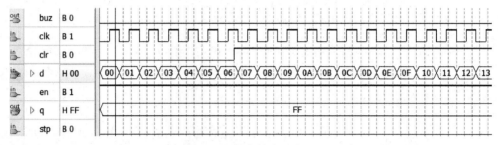

图 7-46 锁存模块仿真图

抢答信号锁存模块的图形符号如图 7-47 所示。

7.3.3 倒计时模块

倒计时模块的主要作用是进行抢答时间倒计时。当有选手抢答后停止倒计时并给蜂鸣器语音提示信号，表示有人抢答，显示时间为抢答时刻的倒计时时间；如果在倒计时 30 秒后无抢答，倒计时模块会锁定抢答按键并发出语音提示。时钟信号 clk 采用 1Hz 的时基信号。

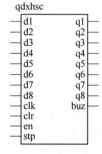

图 7-47 锁存模块的图形符号

倒计时模块的程序：

```
LIBRARY IEEE;
USE IEEE.STD_LOGIC_1164.ALL;
USE IEEE.STD_LOGIC_UNSIGNED.ALL;
ENTITY jskz IS
PORT(clk,sst,stp:IN STD_LOGIC;
     th,tl:OUT STD_LOGIC_VECTOR(3 DOWNTO 0);
     Sound:OUT STD_LOGIC);
END jskz;
ARCHITECTURE jskz_behave OF jskz IS
SIGNAL en:STD_LOGIC;
  BEGIN
jskz: PROCESS(sst,stp)
     VARIABLE tmp:STD_LOGIC_VECTOR(1 DOWNTO 0);
     BEGIN
```

```
            tmp:=sst&stp;
          CASE tmp IS
             WHEN "10"=>en<='1';
             WHEN "11"=>en<='0';
               when others =>en<='Z';
           END CASE;
         END PROCESS jskz;
jishi:PROCESS(clk,en)
      VARIABLE tmph,tmpl:STD_LOGIC_VECTOR(3 DOWNTO 0);
      BEGIN
        IF(clk'EVENT AND clk='1')THEN
          IF en='1' THEN
            IF (tmpl=0 AND tmph=0) THEN
               Sound<='1';
            ELSIF tmpl=0 THEN
               tmpl:="1001";
               tmph:=tmph-1;
            ELSE
               Tmpl:=tmpl-1;
            END IF;
          ELSE
             Sound<='0';
             tmpl:="1001";
             tmph:="0010";
          END IF;
        END IF;
          th<=tmph;
          tl<=tmpl;
END PROCESS jishi;
END ;
```

在以上程序中，clk 为输入时钟信号；sst 为计时启动信号；th[3..0]为倒计时计时器高位输出，tl[3..0]为倒计时计时器低位输出，Sound 为蜂鸣器语音提示信号输出。倒计时模块的波形仿真图如图 7-48 所示。

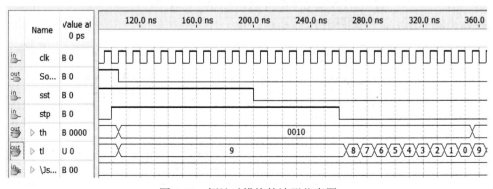

图 7-48　倒计时模块的波形仿真图

倒计时模块的图形符号如图 7-49 所示。

7.3.4 二进制编码转 BCD 码模块

二进制编码转 BCD 码模块的主要作用是将二进制数编码的抢答选手编号转换成 BCD 码。

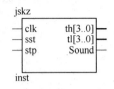

图 7-49 倒计时模块的图形符号

二进制编码转 BCD 码模块的程序：
```
LIBRARY IEEE;
USE IEEE.STD_LOGIC_1164.ALL;
ENTITY zhuanhuan IS
PORT(d1,d2,d3,d4,d5,d6,d7,d8:IN STD_LOGIC;
     q:OUT STD_LOGIC_VECTOR(3 DOWNTO 0));
END zhuanhuan ;
ARCHITECTURE  zhuanhuan_behave OF zhuanhuan IS
BEGIN
PROCESS(d1,d2,d3,d4,d5,d6,d7,d8)
VARIABLE tmp:STD_LOGIC_VECTOR(7 DOWNTO 0);
  BEGIN
    tmp:=d1&d2&d3&d4&d5&d6&d7&d8;
      CASE tmp IS
      WHEN"01111111"=>q<="0001";
      WHEN"10111111"=>q<="0010";
      WHEN"11011111"=>q<="0011";
      WHEN"11101111"=>q<="0100";
      WHEN"11110111"=>q<="0101";
      WHEN"11111011"=>q<="0110";
      WHEN"11111101"=>q<="0111";
      WHEN"11111110"=>q<="1000";
      WHEN OTHERS=>q<="1111";
      END CASE;
END PROCESS;
END zhuanhuan_behave;
```

以上程序中 d1、d2、d3、d4、d5、d6、d7、d8 为输入信号，输入为选手抢答信号；q[3..0] 输出为转换后的 BCD 码结果。

二进制编码转 BCD 码模块的波形仿真图如图 7-50 所示。由图 7-50 可以看出，当 d1、d2、d3、d4、d5、d6、d7、d8 分别为低电平时 q 分别输出 1、2、3、4、5、6、7、8。二进制编码转 BCD 码模块的图形符号如图 7-51 所示。

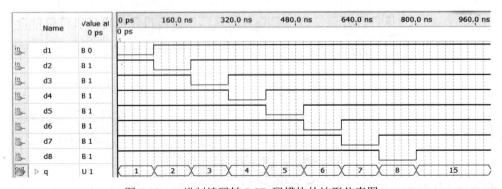

图 7-50 二进制编码转 BCD 码模块的波形仿真图

7.3.5 扫描信号产生模块

扫描信号产生模块的主要作用是产生扫描信号，除了为多位数码管显示提供位选信号，还可以为多位数码管显示提供相应位的段码扫描信号。

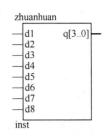

图 7-51 二进制编码转 BCD 码模块的图形符号

扫描信号产生模块的程序：
```
LIBRARY IEEE;
USE IEEE.STD_LOGIC_1164.ALL;
ENTITY pxxh IS
PORT(clk:IN STD_LOGIC;
     q:OUT INTEGER RANGE 0 TO 7);
END pxxh;
ARCHITECTURE pxxh_behave OF pxxh IS
  BEGIN
   PROCESS(clk)
    VARIABLE tmp:INTEGER RANGE 0 TO 7;
      BEGIN
       IF(clk'EVENT AND clk='1')THEN
         tmp:=tmp+1;
       END IF;
       q<=tmp;
   END PROCESS;
END pxxh_behave;
```

以上程序中，clk 接一个 1024Hz 的时钟信号；q[2..0]为产生的扫描信号。扫描信号产生模块的波形仿真图如图 7-52 所示。

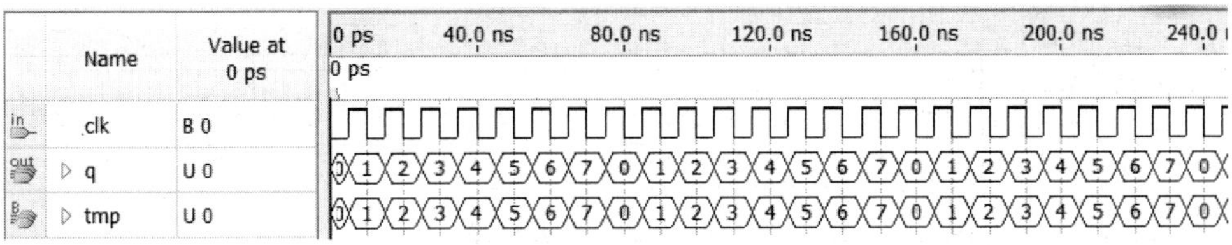

图 7-52 扫描信号产生模块的波形仿真图

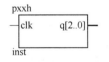

图 7-53 扫描信号产生模块的图形符号

扫描信号产生模块的图形符号如图 7-53 所示。

7.3.6 数码管位信号与段信号匹配模块

在八路抢答器电路中，需要显示一位的选手编号，两位的倒计时时间信号。若要正确显示这些数据，则需要对相应显示位的位信号和段信号进行匹配。

数码管位信号与段信号匹配模块的程序：
```
LIBRARY IEEE;
USE IEEE.STD_LOGIC_1164.ALL;
ENTITY dxhsm IS
PORT(sel:IN STD_LOGIC_VECTOR (2 DOWNTO 0);
     d1,d2,d3: IN STD_LOGIC_VECTOR (3 DOWNTO 0);
```

```
            q:OUT STD_LOGIC_VECTOR (3 DOWNTO 0));
END dxhsm;
ARCHITECTURE dxhsm_behave OF dxhsm IS
BEGIN
PROCESS(sel ,d1,d2,d3)
BEGIN
CASE sel IS
WHEN "000"=>q<=d1;
WHEN "001"=>q<=d2;
WHEN "010"=>q<=d3;
WHEN OTHERS=>q<="1111";
END CASE;
END PROCESS;
END dxhsm_behave;
```

在以上程序中，sel[2..0]输入的为扫描信号；d3[3..0]输入的为抢答选手编号的 BCD 码；d1[3..0]，d2[3..0]分别为倒计时模块输出的时间信号的十位与个位的 BCD 码；q[3..0]为要求送出的显示号。当 sel[2..0]为"000"时，q[3..0]输出为倒计时的时间信号的十位的 BCD 码；当 sel[2..0]为"001"时，q[3..0]输出为倒计时的时间信号的个位的 BCD 码；当 sel[2..0]为"010"时，q[3..0]输出为抢答选手编号的 BCD 码。

数码管位信号与段信号匹配模块的波形仿真图如图 7-54 所示。由图 7-54 可以看出，当 sel 为 0 时，q 输出 d1 输入的数；当 sel 为 1 时，q 输出 d2 输入的数；当 sel 为 2 时，q 输出 d3 输入的数；当 sel 为大于 2 的数时，q 输出"1111"。

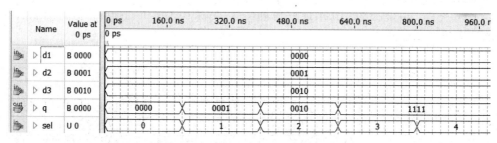

图 7-54　数码管位信号与段信号匹配模块的波形仿真图

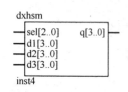

图 7-55　数码管位信号与段信号匹配模块的图形符号

数码管位信号与段信号匹配模块的图形符号如图 7-55 所示。

7.3.7　BCD 码转七段码模块

七段数码管正常显示不仅需要位信号还需要七段段信号，而前面用段信号输入的是 BCD 码，因此需要将 BCD 码转换成可供数码管直接显示的七段码。BCD 码转七段码模块主要用来完成数据格式的转换，其程序如下。

```
LIBRARY IEEE;
USE IEEE.STD_LOGIC_1164.ALL;
ENTITY xsdmzh IS
PORT(d:IN STD_LOGIC_VECTOR (3 DOWNTO 0);
     q:OUT STD_LOGIC_VECTOR(6 DOWNTO 0));
```

```
END xsdmzh;
ARCHITECTURE xsdmzh_behave OF xsdmzh IS
BEGIN
PROCESS(d)
BEGIN
CASE d IS
WHEN"0000"=>q<="0111111";
WHEN"0001"=>q<="0000110";
WHEN"0010"=>q<="1011011";
WHEN"0011"=>q<="1001111";
WHEN"0100"=>q<="1100110";
WHEN"0101"=>q<="1101101";
WHEN"0110"=>q<="1111101";
WHEN"0111"=>q<="0100111";
WHEN"1000"=>q<="1111111";
WHEN"1001"=>q<="1101111";
WHEN OTHERS=>q<="0000000";
END CASE;
END PROCESS;
END xsdmzh_behave;
```

BCD 码转七段码模块的波形仿真图如图 7-56 所示。

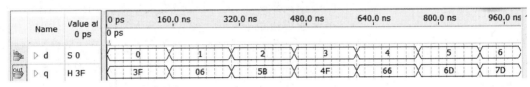

图 7-56 BCD 码转七段码模块的波形仿真图

BCD 码转七段码模块的图形符号如图 7-57 所示。

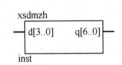

图 7-57 BCD 码转七段码模块的图形符号

7.3.8 报警模块

报警模块的主要作用是为抢答成功或抢答超时提供语音报警信号。当选手在限定时间内抢答成功或倒计时 30s 完毕时，相应模块为报警模块提供报警信号。

报警模块的程序：

```
LIBRARY IEEE;
USE IEEE.STD_LOGIC_1164.ALL;
USE IEEE.STD_LOGIC_UNSIGNED.ALL;
ENTITY baojing IS
PORT(w1,w2:IN STD_LOGIC;
     wn:OUT STD_LOGIC);
END baojing;
ARCHITECTURE baojing_behave OF baojing IS
BEGIN
  PROCESS(w1,w2)
   VARIABLE tmp:STD_LOGIC_VECTOR(1 DOWNTO 0);
    BEGIN
```

```
        tmp:=w1 & w2;
        CASE tmp IS
         WHEN "01"=>wn<='1';
         WHEN "10"=>wn<='1';
         WHEN OTHERS=>wn<='0';
        END CASE;
      END PROCESS ;
    END baojing_behave;
```

以上程序中 w1,w2 为报警信号输入端，分别由抢答信号锁存模块与倒计时模块提供。报警模块的波形仿真图如图 7-58 所示。报警模块的图形符号如图 7-59 所示。

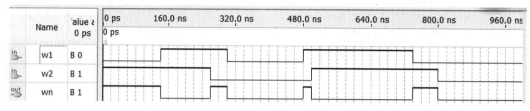

图 7-58 报警模块的波形仿真图

图 7-59 报警模块的图形符号

7.3.9 综合设计

将设计好的模块按照总体设计思路连接起来，如图 7-60 所示。整个系统由 8 个主要模块单元组成，其中主持人控制模块可实现八路抢答器系统的清零与抢答启动，倒计时模块在主持人启动抢答的时候开始计时，当选手抢答时，抢答信号进入抢答信号锁存模块进行锁存，同时发出信号停止倒计时并通过报警模块发出语音信号提示抢答成功，如在 30s 内无人抢答，系统会自动禁止抢答并通过报警模块发出语音信号提示；二进制编码转 BCD 码模块，扫描信号产生模块，数码管位信号与段信号匹配模块，BCD 码转七段码模块等模块主要是将抢答选手的二进制编号、抢答时间等编码依次转换成 BCD 码、七段码，并将显示抢答选手号、抢答时间数据七段码和位信号匹配后送 LED 数码管显示。

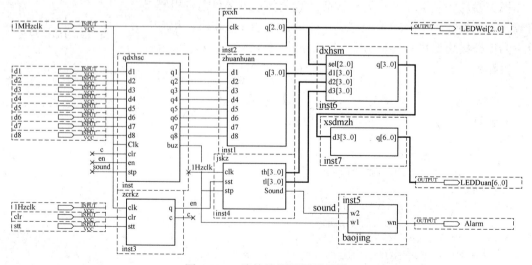

图 7-60 8 路抢答器顶层原理图

7.4　数字频率计 VHDL 程序与仿真

该频率计具有 4 位显示,能自动根据 7 位十进制计数的结果,自动选择有效数据的高 4 位进行动态显示。小数点表示千位,即 kHz。

```vhdl
LIBRARY IEEE;
USE IEEE.STD_LOGIC_1164.ALL;
USE IEEE.STD_LOGIC_UNSIGNED.ALL;
ENTITY plj IS
  PORT(start:IN STD_LOGIC;                        --复位信号
       clk :IN STD_LOGIC;                         --系统时钟
       clk1:IN STD_LOGIC;                         --被测信号
       yy1:OUT STD_LOGIC_VECTOR(7 DOWNTO 0);      --八段码
       w1:OUT STD_LOGIC_VECTOR(3 DOWNTO 0));      --数码管位选信号
END plj;
ARCHITECTURE behav OF plj IS
SIGNAL b1,b2,b3,b4,b5,b6,b7:STD_LOGIC_VECTOR(3 DOWNTO 0);  --十进制计数器
SIGNAL bcd:STD_LOGIC_VECTOR(3 DOWNTO 0);        --BCD 码寄存器
SIGNAL q:INTEGER RANGE 0 TO 49999999;           --秒分频系数
SIGNAL qq: INTEGER RANGE 0 TO 499999;           --动态扫描分频系数
SIGNAL en,bclk:STD_LOGIC;                       --使能信号,有效被测信号
SIGNAL sss: STD_LOGIC_VECTOR(3 DOWNTO 0);       --小数点
SIGNAL bcd0,bcd1,bcd2,bcd3: STD_LOGIC_VECTOR(3 DOWNTO 0);
--寄存 7 位十位计数器中有效的高 4 位数据
BEGIN
second:PROCESS(clk)           --此进程产生一个持续时间为 1s 的闸门信号
BEGIN
  IF start='1' THEN q<=0;
  ELSIF clk'EVENT AND clk='1' THEN
    IF q<49999999 THEN q<=q+1;
    ELSE q<=49999999;
    END IF;
  END IF;
  IF q<49999999 AND  start='0' THEN en<='1';
  ELSE en<='0';
  END IF;
END PROCESS;
and2:PROCESS(en,clk1)         --此进程得到 7 位十进制计数器的计数脉冲
BEGIN
  bclk<=clk1 AND en;
END PROCESS;
com:PROCESS(start,bclk)       --此进程完成对被测信号计脉冲数
BEGIN
  IF start='1' THEN           --复位
b1<="0000";b2<="0000";b3<="0000";b4<="0000";b5<="0000";b6<="0000";b7<="0000";
  ELSIF bclk'EVENT AND bclk='1' THEN
    IF b1="1001" THEN b1<="0000";  --此 IF 语句完成个位十进制计数
```

```vhdl
                    IF b2="1001" THEN b2<="0000";         --此IF语句完成百位十进制计数
                      IF b3="1001" THEN b3<="0000";       --此IF语句完成千位十进制计数
                        IF b4="1001" THEN b4<="0000";     --此IF语句完成万位十进制计数
                          IF b5="1001" THEN b5<="0000";   --此IF语句完成十万位十进制计数
                            IF b6="1001" THEN b6<="0000"; --此IF语句完成百万位十进制计数
                              IF b7="1001" THEN b7<="0000";
                                                          --此IF语句完成千万位十进制计数
                              ELSE b7<=b7+1;
                              END IF;
                            ELSE b6<=b6+1;
                            END IF;
                          ELSE b5<=b5+1;
                          END IF;
                        ELSE b4<=b4+1;
                        END IF;
                      ELSE b3<=b3+1;
                      END IF;
                    ELSE b2<=b2+1;
                    END IF;
                  ELSE b1<=b1+1;
                  END IF;
              END IF;
END PROCESS;
PROCESS(clk)  --此进程把7位十进制计数器有效的高4位数据送入bcd0~bcd3；并得到小数点信息
BEGIN
    IF RISING_EDGE(clk) THEN
      IF en='0' THEN
        IF b7>"0000" THEN bcd3<=b7; bcd2<=b6; bcd1<=b5; bcd0<=b4; sss<="1110";
        ELSIF b6>"0000" THEN bcd3<=b6; bcd2<=b5; bcd1<=b4; bcd0<=b3; sss<="1101";
        ELSIF b5>"0000" THEN bcd3<=b5; bcd2<=b4; bcd1<=b3; bcd0<=b2; sss<="1011";
        ELSE bcd3<=b4; bcd2<=b3; bcd1<=b2; bcd0<=b1; sss<="1111";
        END IF;
      END IF;
    END IF;
END PROCESS;
weixuan:PROCESS(clk)       --此进程完成数据的动态显示
BEGIN
  IF clk'EVENT AND clk='1' THEN
      IF qq< 99999 THEN qq<=qq+1;bcd<=bcd3; w1<="0111";
        IF sss="0111" THEN yy1(0)<='0';
        ELSE yy1(0)<='1';
        END IF;
      ELSIF qq<199999 THEN qq<=qq+1;bcd<=bcd2; w1<="1011";
        IF sss="1011" THEN yy1(0)<='0';
        ELSE yy1(0)<='1';
        END IF;
      ELSIF qq<299999 THEN qq<=qq+1;bcd<=bcd1; w1<="1101";
```

```
                IF sss="1101" THEN yy1(0)<='0';
                    ELSE yy1(0)<='1';
                    END IF;
                ELSIF qq<399999 THEN qq<=qq+1;bcd<=bcd0; w1<="1110";
                    IF sss="1110" THEN yy1(0)<='0';
                    ELSE yy1(0)<='1';
                    END IF;
                ELSE qq<=0;
                END IF;
        END IF;
END PROCESS;
m0: PROCESS (bcd)          --译码
    BEGIN
    CASE bcd IS
        WHEN "0000"=>yy1(7 DOWNTO 1)<="0000001";
        WHEN "0001"=>yy1(7 DOWNTO 1)<="1001111";
        WHEN "0010"=>yy1(7 DOWNTO 1)<="0010010";
        WHEN "0011"=>yy1(7 DOWNTO 1)<="0000110";
        WHEN "0100"=>yy1(7 DOWNTO 1)<="1001100";
        WHEN "0101"=>yy1(7 DOWNTO 1)<="0100100";
        WHEN "0110"=>yy1(7 DOWNTO 1)<="1100000";
        WHEN "0111"=>yy1(7 DOWNTO 1)<="0001111";
        WHEN "1000"=>yy1(7 DOWNTO 1)<="0000000";
        WHEN "1001"=>yy1(7 DOWNTO 1)<="0001100";
        WHEN others=>yy1(7 DOWNTO 1)<="1111111";
    END CASE;
END PROCESS;
END behav;
```

程序仿真结果如图 7-61 所示。

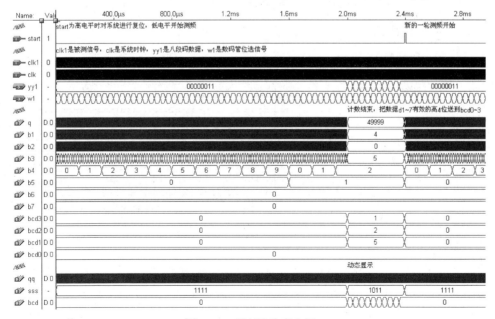

图 7-61　频率计仿真全图

开始计数部分如图 7-62 所示，图中已标出信号含义，仿真中秒分频为 50000，动态显示的分频系数也相应调小。图 7-63 为仿真结束与动态显示部分。图 7-64 为复位与重测仿真结果。图 7-65 为频率计的图形符号。

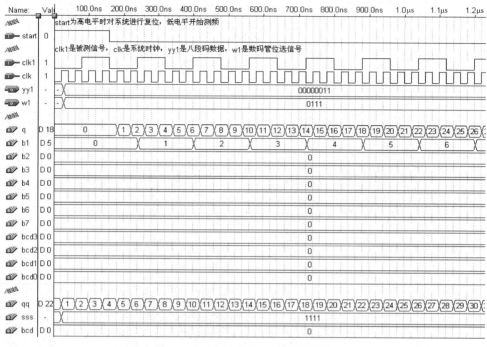

图 7-62 频率计仿真-开始计数部分

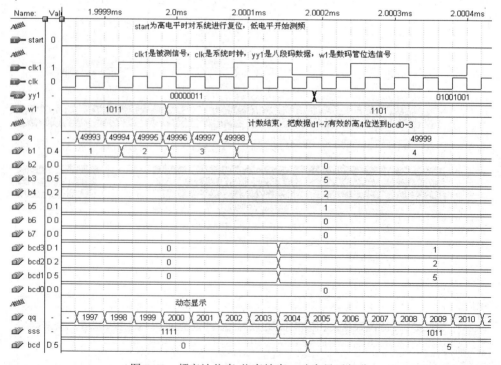

图 7-63 频率计仿真-仿真结束、动态显示部分

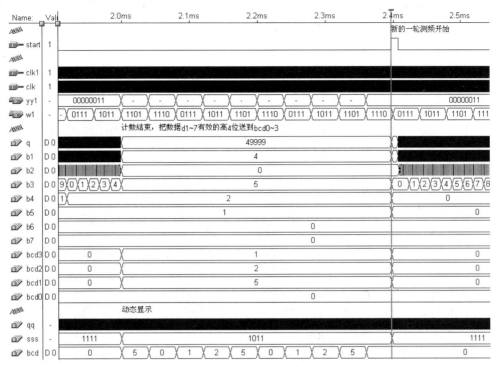

图 7-64　频率计仿真-复位、重新测频部分

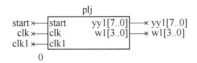

图 7-65　频率计的图形符号

7.5　乐曲硬件演奏电路设计

数控分频器设计硬件乐曲演奏电路主系统由 3 个模块组成，如图 7-66 所示：ToneTaba.VHD、NoteTabs.VHD 和 Speakera.VHD。

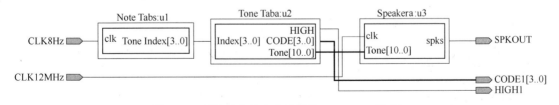

图 7-66　硬件乐曲演奏电路结构（Synplify 综合）

与利用微处理器（CPU 或 MCU）来实现乐曲演奏相比，以纯硬件完成乐曲演奏电路的逻辑要复杂得多，如果不借助于功能强大的 EDA 工具和硬件描述语言，仅凭传统的数字逻辑技术，即使最简单的演奏电路也难以实现。本实验设计项目为"梁祝"乐曲演奏电路的实

现。我们知道，组成乐曲的每个音符的发音频率值及其持续的时间是乐曲能连续演奏所需的两个基本要素，问题是如何来获取这两个要素所对应的数值以及通过纯硬件的手段来利用这些数值实现所希望乐曲的演奏效果。图 7-66 中，模块 u1 类似于弹琴的人的手指；u2 类似于琴键；u3 类似于琴弦或音调发声器。

图 7-66 的工作原理如下。

① 音符的频率可以由图 7-66 中的 Speakera 获得，这是一个数控分频器，由其 clk 端输入一具有较高频率（这里是 12MHz）的信号，通过 Speakera 分频后由 Spkout 输出。由于直接从数控分频器中出来的输出信号是脉宽极窄的脉冲式信号，为了有利于驱动扬声器，需另加一个 D 触发器以均衡其占空比，但这时的频率将是原来的 1/2。Speakera 对 clk 输入信号的分频比由 11 位预置数 Tone[10..0]决定。SPKOUT 的输出频率将决定每一音符的音调，这样，分频计数器的预置值 Tone[10..0] 与 SPKOUT 的输出频率，就有了对应关系。例如在 ToneTaba 模块中若取 Tone[10..0]=1036，将发出音符为"3"音的信号频率。

② 音符的持续时间须根据乐曲的速度及每个音符的节拍数来确定，图 7-66 中模块 TONETABA 的功能首先是为 Speakera 提供决定所发音符的分频预置数，而此数在 Speakera 输入口停留的时间即为此音符的节拍值。模块 ToneTaba 是乐曲简谱码对应的分频预置数查表电路，其中设置了"梁祝"乐曲全部音符所对应的分频预置数，共 13 个，每一音符的停留时间由音乐节拍和音调发生器模块 NoteTabs 的 clk 的输入频率决定，在此为 4Hz。这 13 个值的输出由对应于 ToneTaba 的 4 位输入值 Index[3..0]确定，而 Index[3..0] 最多有 16 种可选值。输向 ToneTaba 中 Index[3..0]的值 ToneIndex[3..0]的输出值与持续的时间由模块 NoteTabs 决定，图 7-72 为仿真图，生成的顶层图为图 7-73。

③ 在 NoteTabs 中设置了一个 8 位二进制计数器（计数最大值为 138），作为音符数据 ROM 的地址发生器。这个计数器的计数频率选为 4Hz，即每一计数值的停留时间为 0.25s，恰为当全音符设为 1s 时，四四拍的 4 分音符持续时间。例如，NoteTabs 在以下的 VHDL 逻辑描述中，"梁祝"乐曲的第一个音符为"3"，此音符在逻辑中停留了 4 个时钟节拍，即 1s 时间，相应地，所对应的"3"音符分频预置值为 1036，在 Speakera 的输入端停留了 1s。随着 NoteTabs 中的计数器按 4Hz 的时钟速率作加法计数时，即随地址值递增时，音符数据 ROM 中的音符数据将从 ROM 中通过 ToneIndex[3..0]端口输向 ToneTaba 模块，"梁祝"乐曲就开始连续自然地演奏起来了。

乐曲演奏电路的 VHDL 逻辑描述如下。

7.5.1 顶层设计

顶层设计的程序：

```vhdl
LIBRARY IEEE;                              --硬件演奏电路顶层设计
USE IEEE.STD_LOGIC_1164.ALL;
ENTITY Songer IS
    PORT ( CLK12MHZ : IN STD_LOGIC;        --音调频率信号
           CLK8HZ   : IN STD_LOGIC;        --节拍频率信号
           CODE1    : OUT STD_LOGIC_VECTOR (3 DOWNTO 0);  --简谱码输出显示
           HIGH1    : OUT STD_LOGIC;       --高 8 度指示
           SPKOUT   : OUT STD_LOGIC );     --声音输出
END;
ARCHITECTURE one OF Songer IS
```

```
    COMPONENT NoteTabs
      PORT (clk    : IN STD_LOGIC;
           ToneIndex : OUT STD_LOGIC_VECTOR (3 DOWNTO 0) );
    END COMPONENT;
    COMPONENT ToneTaba
       PORT (Index : IN STD_LOGIC_VECTOR (3 DOWNTO 0) ;
             CODE   : OUT STD_LOGIC_VECTOR (3 DOWNTO 0) ;
             HIGH   : OUT STD_LOGIC;
             Tone   : OUT STD_LOGIC_VECTOR (10 DOWNTO 0));
    END COMPONENT;
    COMPONENT Speakera
       PORT (clk : IN STD_LOGIC;
              Tone : IN STD_LOGIC_VECTOR (10 DOWNTO 0);
              SpkS : OUT STD_LOGIC);
    END COMPONENT;
    SIGNAL Tone : STD_LOGIC_VECTOR (10 DOWNTO 0);
    SIGNAL ToneIndex : STD_LOGIC_VECTOR (3 DOWNTO 0);
  BEGIN
u1 : NoteTabs  PORT MAP (clk=>CLK8HZ, ToneIndex=>ToneIndex);
u2 : ToneTaba PORT MAP (Index=>ToneIndex,Tone=>Tone,CODE=>CODE1,HIGH=>HIGH1);
u3 : Speakera PORT MAP(clk=>CLK12MHZ,Tone=>Tone, SpkS=>SPKOUT);
END;
```

音乐生成顶层设计的仿真图如图7-67所示，图形符号如图7-68所示。

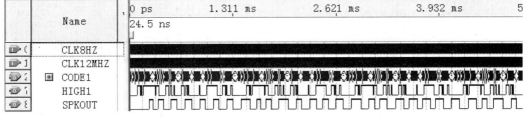

图7-67 音乐生成顶层仿真图

7.5.2 音调产生模块

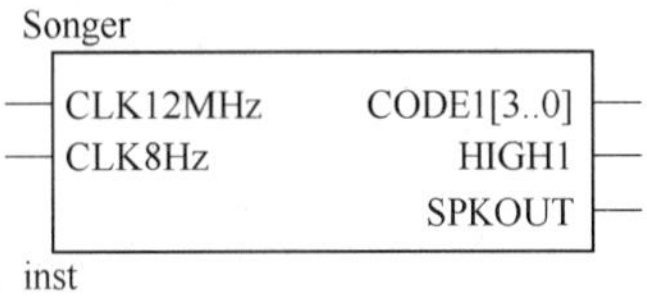

```
LIBRARY IEEE;
USE IEEE.STD_LOGIC_1164.ALL;
USE IEEE.STD_LOGIC_UNSIGNED.ALL;
ENTITY Speakera IS
    PORT (clk  : IN STD_LOGIC;
           Tone : IN STD_LOGIC_VECTOR (10 DOWNTO 0);
           SpkS : OUT STD_LOGIC);
END;
ARCHITECTURE one OF Speakera IS
    SIGNAL PreCLK, FullSpkS : STD_LOGIC;
BEGIN
 DivideCLK : PROCESS(clk)
       VARIABLE Count4 : STD_LOGIC_VECTOR (3 DOWNTO 0) ;
    BEGIN
```

图7-68 音乐生成顶层图

```
            PreCLK <= '0';                    --将CLK进行16分频，PreCLK为CLK的16分频
            IF Count4>11 THEN PreCLK <= '1';  Count4 := "0000";
            ELSIF clk'EVENT AND clk = '1' THEN  Count4 := Count4 + 1;
            END IF;
        END PROCESS;
        GenSpkS : PROCESS(PreCLK, Tone) --11位可预置计数器
            VARIABLE Count11 : STD_LOGIC_VECTOR (10 DOWNTO 0);
    BEGIN
        IF PreCLK'EVENT AND PreCLK = '1' THEN
            IF Count11 = 16#7FF# THEN Count11 := Tone ; FullSpkS <= '1';
                ELSE Count11 := Count11 + 1; FullSpkS <= '0'; END IF;
            END IF;
        END PROCESS;
     DelaySpkS : PROCESS(FullSpkS)  --将输出再2分频，展宽脉冲，使扬声器有足够功率发音
            VARIABLE Count2 : STD_LOGIC;
    BEGIN
        IF FullSpkS'EVENT AND FullSpkS = '1' THEN  Count2 := NOT Count2;
            IF Count2 = '1' THEN  SpkS <= '1';
                ELSE SpkS <= '0';  END IF;
            END IF;
        END PROCESS;
    END;
```

音调生成模块的仿真图和图形符号如图7-69和图7-70所示。

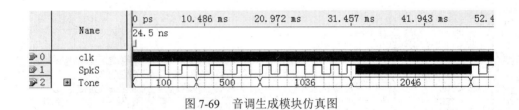

图7-69 音调生成模块仿真图

7.5.3 音调查询

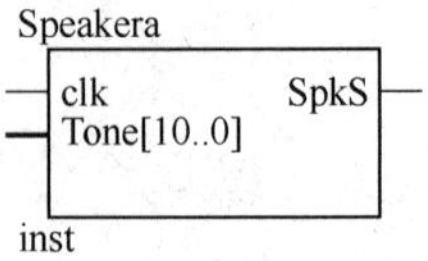

```
LIBRARY IEEE;
USE IEEE.STD_LOGIC_1164.ALL;
ENTITY ToneTaba IS
    PORT ( Index : IN  STD_LOGIC_VECTOR (3 DOWNTO 0);
           CODE  : OUT STD_LOGIC_VECTOR (3 DOWNTO 0);
           HIGH  : OUT STD_LOGIC;
           Tone  : OUT STD_LOGIC_VECTOR (10 DOWNTO 0));
END;
ARCHITECTURE one OF ToneTaba IS
BEGIN
    Search : PROCESS(Index)
    BEGIN
        CASE Index IS        --译码电路，查表方式，控制音调的预置数
        WHEN "0000" => Tone<="11111111111" ; CODE<="0000"; HIGH <='0'; --2047
        WHEN "0001" => Tone<="01100000101" ; CODE<="0001"; HIGH <='0'; --773
        WHEN "0010" => Tone<="01110010000" ; CODE<="0010"; HIGH <='0'; --912
```

图7-70 音调生成模块的图形符号

```
            WHEN "0011" => Tone<="10000001100" ; CODE<="0011"; HIGH <='0'; --1036
            WHEN "0101" => Tone<="10010101101" ; CODE<="0101"; HIGH <='0'; --1197
            WHEN "0110" => Tone<="10100001010" ; CODE<="0110"; HIGH <='0'; --1290
            WHEN "0111" => Tone<="10101011100" ; CODE<="0111"; HIGH <='0'; --1372
            WHEN "1000" => Tone<="10110000010" ; CODE<="0001"; HIGH <='1'; --1410
            WHEN "1001" => Tone<="10111001000" ; CODE<="0010"; HIGH <='1'; --1480
            WHEN "1010" => Tone<="11000000110" ; CODE<="0011"; HIGH <='1'; --1542
            WHEN "1100" => Tone<="11001010110" ; CODE<="0101"; HIGH <='1'; --1622
            WHEN "1101" => Tone<="11010000100" ; CODE<="0110"; HIGH <='1'; --1668
            WHEN "1111" => Tone<="11011000000" ; CODE<="0001"; HIGH <='1'; --1728
            WHEN OTHERS => NULL;
            END CASE;
            END PROCESS;
END;
```

音符的持续时间及顶层图如图 7-71 和图 7-72 所示。

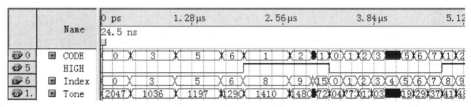

图 7-71 音符的持续时间

7.5.4 节拍和音符数据发生器模块

程序：

图 7-72 音符的持续时间顶层图

```
LIBRARY IEEE;
USE IEEE.STD_LOGIC_1164.ALL;
USE IEEE.STD_LOGIC_UNSIGNED.ALL;
ENTITY NoteTabs IS
    PORT ( clk    : IN STD_LOGIC;
           ToneIndex : OUT STD_LOGIC_VECTOR (3 DOWNTO 0) );
END;
ARCHITECTURE one OF NoteTabs IS
COMPONENT MUSIC                --音符数据 ROM
 PORT(address : IN STD_LOGIC_VECTOR (7 DOWNTO 0);
      inclock : IN STD_LOGIC ;
         q : OUT STD_LOGIC_VECTOR (3 DOWNTO 0));
END COMPONENT;
    SIGNAL Counter :  STD_LOGIC_VECTOR (7 DOWNTO 0);
BEGIN
    CNT8 : PROCESS(clk, Counter)
    BEGIN
       IF Counter=138 THEN  Counter <= "00000000";
        ELSIF (clk'EVENT AND clk = '1') THEN Counter <= Counter+1; END IF;
    END PROCESS;
u1 : MUSIC PORT MAP(address=>Counter , q=>ToneIndex, inclock=>clk);
END;
```

音符数据生成与读取模块的仿真图和图形符号如图 7-73、图 7-74 所示。

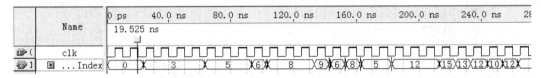

图 7-73　音符数据生成与读取模块仿真图

7.5.5 "梁祝"乐曲演奏数据

```
WIDTH = 4 ;
DEPTH = 256 ;
ADDRESS_RADIX = DEC ;
DATA_RADIX = DEC ;
CONTENT BEGIN  --注意,以下的数据排列方法只是为了节
省空间,实用文件中要展开以下数据,每一组占一行
00: 3 ; 01: 3 ; 02: 3 ; 03: 3; 04: 5; 05: 5; 06: 5;07: 6; 08: 8; 09: 8;
10: 8 ; 11: 9 ; 12: 6 ; 13: 8; 14: 5; 15: 5; 16: 12;17: 12;18: 12; 19:15;
20:13 ; 21:12 ; 22:10 ; 23:12; 24: 9; 25: 9; 26: 9; 27: 9; 28: 9; 29: 9;
30: 9 ; 31: 0 ; 32: 9 ; 33: 9; 34: 9; 35:10; 36: 7; 37: 7; 38: 6; 39: 6;
40: 5 ; 41: 5 ; 42: 5 ; 43: 6; 44: 5; 45: 8; 46: 9; 47: 9; 48: 3; 49: 3;
50: 8 ; 51: 8 ; 52: 6 ; 53: 5; 54: 6; 55: 8; 56: 5; 57: 5; 58: 5; 59: 5;
60: 5 ; 61: 5 ; 62: 5 ; 63: 5; 64:10; 65:10; 66:10; 67:12; 68: 7; 69: 7;
70: 9 ; 71: 9 ; 72: 6 ; 73: 8; 74: 5; 75: 5; 76: 5; 77: 5; 78: 5; 79: 5;
80: 3 ; 81: 5 ; 82: 3 ; 83: 3; 84: 5; 85: 6; 86: 7; 87: 9; 88: 6; 89: 6;
90: 6 ; 91: 6 ; 92: 6 ; 93: 6; 94: 5; 95: 6; 96: 8; 97: 8; 98: 8; 99: 9;
100:12 ;101:12 ;102:12 ;103:10;104: 9;105: 9;106:10;107: 9;108: 8;109: 8;
110: 6 ;111: 5 ;112: 3 ;113: 3;114: 9;115: 3;116: 8;117: 8;118: 8;119: 8;
120: 6 ;121: 8 ;122: 6 ;123: 5;124: 3;125: 5;126: 6;127: 8;128: 5;129: 5;
130: 5 ;131: 5 ;132: 5 ;133: 5;134: 5;135: 5;136: 0;137: 0;138: 0;
END ;
```

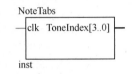

图 7-74　音符数据生成与读取模块仿真图的图形符号

音乐数据存储模块的仿真图如图 7-75 所示。

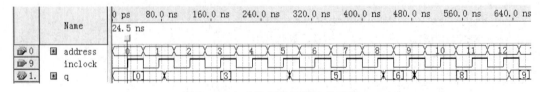

图 7-75　音乐数据存储模块仿真图

图 7-76 为音乐数据存储模块的图形符号。

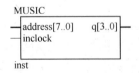

图 7-76　音乐数据存储模块的图形符号

7.6 数控分频器的设计

数控分频器的功能就是当在输入端给定不同输入数据时，将对输入的时钟信号有不同的分频比。数控分频器是用计数值可并行预置的加法计数器设计完成的，方法是将计数溢出位与预置数加载输入信号相接即可。

输入不同的 CLK 频率和预置值 D，给出如图 7-77 所示的时序波形。

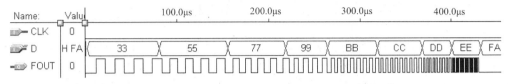

图 7-77　当给出不同输入值 D 时，FOUT 输出不同频率（CLK 周期=50ns）

```vhdl
LIBRARY IEEE;
USE IEEE.STD_LOGIC_1164.ALL;
USE IEEE.STD_LOGIC_UNSIGNED.ALL;
ENTITY DVF IS
    PORT ( CLK : IN STD_LOGIC;
           D : IN STD_LOGIC_VECTOR(7 DOWNTO 0);
           FOUT : OUT STD_LOGIC );
END;
ARCHITECTURE one OF DVF IS
    SIGNAL  FULL : STD_LOGIC;
BEGIN
  P_REG: PROCESS(CLK)
    VARIABLE CNT8 : STD_LOGIC_VECTOR(7 DOWNTO 0);
    BEGIN
       IF CLK'EVENT AND CLK = '1' THEN
           IF CNT8 = "11111111" THEN
         CNT8 := D;           --当 CNT8 计数计满时，输入数据 D 被同步预置给计数器 CNT8
              FULL <= '1';    --同时使溢出标志信号 FULL 输出为高电平
                ELSE    CNT8 := CNT8 + 1; --否则继续作加 1 计数
                        FULL <= '0';      --且输出溢出标志信号 FULL 为低电平
           END IF;
         END IF;
   END PROCESS P_REG ;
  P_DIV: PROCESS(FULL)
     VARIABLE CNT2 : STD_LOGIC;
     BEGIN
   IF FULL'EVENT AND FULL = '1' THEN
      CNT2 := NOT CNT2;          --如果溢出标志信号 FULL 为高电平，D 触发器输出取反
         IF CNT2 = '1' THEN  FOUT <= '1'; ELSE FOUT <= '0';
         END IF;
    END IF;
     END PROCESS P_DIV ;
END;
```

数控分频器的图形符号如图 7-78 所示。

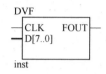

图 7-78 数控分频器的图形符号

7.7 状态机 A/D 采样控制电路实现

本小节学习用状态机对 A/D 转换器 ADC0809 的采样控制电路的实现。ADC0809 是 CMOS 的 8 位 A/D 转换器,片内有 8 路模拟开关,可控制 8 个模拟量中的一个进入转换器中。转换时间约 100μs,含锁存控制的 8 路多路开关,输出有三态缓冲器控制,单 5V 电源供电。

主要控制信号:START 是转换启动信号,高电平有效;ALE 是 3 位通道选择地址(ADDC、ADDB、ADDA)信号的锁存信号。当模拟量送至某一输入端(如 IN1 或 IN2 等)时,由 3 位地址信号选择,而地址信号由 ALE 锁存;EOC 是转换情况状态信号,当启动转换约 100μs 后,EOC 产生一个负脉冲,以示转换结束;在 EOC 的上升沿后,若使输出使能信号 OE 为高电平,则控制打开三态缓冲器,把转换好的 8 位数据结果输至数据总线,至此 ADC0809 的一次转换结束。

```
LIBRARY IEEE;
USE IEEE.STD_LOGIC_1164.ALL;
ENTITY ADCINT IS
  PORT(D : IN STD_LOGIC_VECTOR(7 DOWNTO 0);    --来自0809转换好的8位数据
    CLK   : IN STD_LOGIC;      --状态机工作时钟
    EOC   : IN STD_LOGIC;      --转换状态指示,低电平表示正在转换
    ALE   : OUT STD_LOGIC;     --8 个模拟信号通道地址锁存信号
    START : OUT STD_LOGIC;     --转换开始信号
    OE    : OUT STD_LOGIC;     --数据输出 3 态控制信号
    ADDA  : OUT STD_LOGIC;     --信号通道最低位控制信号
    LOCK0 : OUT STD_LOGIC;     --观察数据锁存时钟
    Q     : OUT STD_LOGIC_VECTOR(7 DOWNTO 0));--8 位数据输出
END ADCINT;
ARCHITECTURE behav OF ADCINT IS
TYPE states IS (st0, st1, st2, st3,st4) ;    --定义各状态子类型
  SIGNAL current_state, next_state: states :=st0 ;
  SIGNAL REGL   : STD_LOGIC_VECTOR(7 DOWNTO 0);
  SIGNAL LOCK   : STD_LOGIC;                 --转换后数据输出锁存时钟信号
  BEGIN
ADDA <= '1';  --"ADDA<='0'"时,模拟信号进入通道IN0;"ADDA<='1'"时,则进入通道IN1
Q <= REGL; LOCK0 <= LOCK ;
  COM: PROCESS(current_state,EOC) BEGIN    --规定各状态转换方式
    CASE current_state IS
  WHEN st0=>ALE<='0';START<='0';LOCK<='0';OE<='0';  next_state <= st1;
                                    --0809初始化
  WHEN st1=>ALE<='1';START<='1';LOCK<='0';OE<='0';  next_state <= st2;
                                    --启动采样
  WHEN st2=> ALE<='0';START<='0';LOCK<='0';OE<='0';
```

```
      IF (EOC='1') THEN next_state <= st3;          --EOC=1 表明转换结束
       ELSE next_state <= st2; END IF;              --转换未结束,继续等待
   WHEN st3=> ALE<='0';START<='0';LOCK<='0';OE<='1'; next_state <= st4;
                                                    --开启 OE,输出转换好的数据
   WHEN st4=> ALE<='0';START<='0';LOCK<='1';OE<='1'; next_state <= st0;
   WHEN OTHERS => next_state <= st0;
   END CASE ;
   END PROCESS COM ;
   REG: PROCESS (CLK)
    BEGIN
     IF (CLK'EVENT AND CLK='1') THEN current_state<=next_state; END IF;
   END PROCESS REG ;          --由信号 current_state 将当前状态值带出此进程:REG
   LATCH1: PROCESS (LOCK)     --此进程中,在 LOCK 的上升沿,将转换好的数据锁入
       BEGIN
         IF LOCK='1' AND LOCK'EVENT THEN  REGL <= D ; END IF;
         END PROCESS LATCH1 ;
   END behav;
```

图 7-79 为 ADC0809 的工作时序,图 7-80 为 ADC0809 采样时的波形图,图 7-81 为 ADC0809 的图形符号。

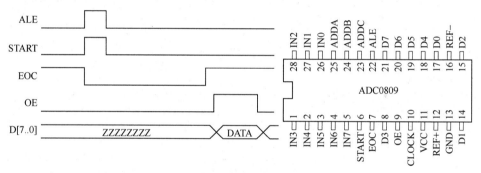

图 7-79 ADC0809 工作时序

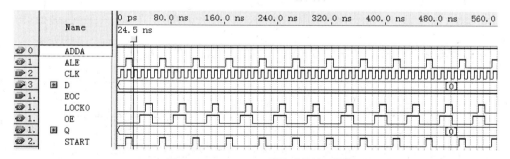

图 7-80 ADC0809 采样时的波形图

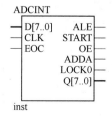

图 7-81 ADC0809 的图形符号

7.8 比较器和 D/A 器件

8 位 A/D 转换器的工作原理是：当被测模拟信号电压 v_i 接于 LM311 的 "+" 输入端时，由 FPGA 产生自小到大的搜索数据加于 DAC0832 后，LM311 的 "−" 端将得到一个比较电压 v_c；当 $v_c<v_i$ 时，LM311 的 "1" 脚输出高电平 "1"，而当 $v_c>v_i$ 时，LM311 输出低电平。在 LM311 输出由 "1" 到 "0" 的转折点处，FPGA 输向 DAC0832 的数据必定与待测信号电压 v_i 成正比。由此数即可算得 v_i 的大小。

程序：
```
LIBRARY IEEE;
USE IEEE.STD_LOGIC_1164.ALL;
USE IEEE.STD_LOGIC_UNSIGNED.ALL;
ENTITY DAC2ADC IS
    PORT ( CLK     : IN STD_LOGIC;              --计数器时钟
           LM311   : IN STD_LOGIC;              --LM311 输出，由 PIO37 口进入 FPGA
           CLR     : IN STD_LOGIC;              --计数器复位
           DD      : OUT STD_LOGIC_VECTOR(7 DOWNTO 0);    --输向 DAC0832 的数据
           DISPDATA : OUT STD_LOGIC_VECTOR(7 DOWNTO 0) ); --转换数据显示
END;
ARCHITECTURE DACC OF DAC2ADC IS
 SIGNAL CQI : STD_LOGIC_VECTOR(7 DOWNTO 0) ;
 BEGIN
 DD <= CQI ;
PROCESS(CLK, CLR, LM311)
    BEGIN
      IF CLR = '1' THEN  CQI <= "00000000";
        ELSIF CLK'EVENT AND CLK = '1' THEN
         IF LM311 = '1' THEN CQI <= CQI + 1;  END IF;  --如果是高电平，继续搜索
            END IF;             --如果出现低电平，即可停止搜索，保存计数值于 CQI 中
    END PROCESS;
DISPDATA <= CQI  WHEN LM311='0' ELSE "00000000";    --将保存于 CQI 中的数输出
END;
```

D/A 转换器输出波形（部分）和图形符号如图 7-82、图 7-83 所示。

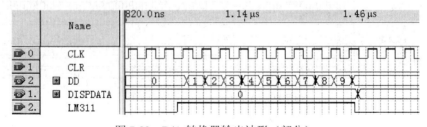

图 7-82　D/A 转换器输出波形（部分）

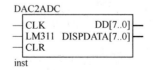

图 7-83　D/A 转换器的图形符号

7.9 ASK 调制解调 VHDL 程序及仿真

7.9.1 ASK 调制 VHDL 程序及仿真

基于 VHDL 硬件描述语言，对基带信号进行 ASK 振幅调制。
程序：

```
LIBRARY IEEE;
USE IEEE.STD_LOGIC_ARITH.ALL;
USE IEEE.STD_LOGIC_1164.ALL;
USE IEEE.STD_LOGIC_UNSIGNED.ALL;
ENTITY PL_ASK IS
PORT(clk     :IN STD_LOGIC;          --系统时钟
     Start   :IN STD_LOGIC;          --开始调制信号
     x       :IN STD_LOGIC;          --基带信号
     y       :OUT STD_LOGIC);        --调制信号
END PL_ASK;
ARCHITECTURE behav OF PL_ASK IS
SIGNAL q:INTEGER RANGE 0 TO 3;       --分频计数器
SIGNAL f:STD_LOGIC;                  --载波信号
BEGIN
PROCESS(clk)
BEGIN
IF clk'EVENT AND clk='1' THEN
   IF start='0' THEN q<=0;
   ELSIF q<=1 THEN f<='1';q<=q+1; --改变q后面数字的大小，就可以改变载波信号的占空比
   ELSIF q=3 THEN f<='0';q<=0;    --改变q后面数字的大小，就可以改变载波信号的频率
   ELSE  f<='0';q<=q+1;
   END IF;
END IF;
END PROCESS;
y<=x AND f; --对基带码进行调制
END behav;
```

ASK 调制 VHDL 程序仿真图如图 7-84 所示。

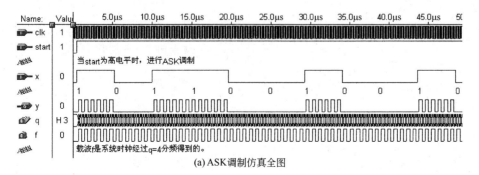

(a) ASK调制仿真全图

图 7-84

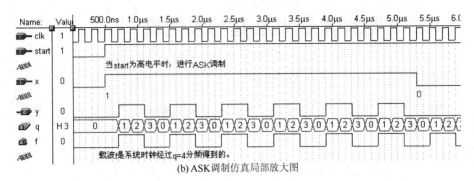

(b) ASK 调制仿真局部放大图

图 7-84 ASK 调制 VHDL 程序仿真图

注：1. 基带码长等于载波 f 的 6 个周期。
　　2. 输出的调制信号 y 滞后于输入基带信号 x 一个 clk 时间。

7.9.2 ASK 解调 VHDL 程序及仿真

基于 VHDL 硬件描述语言，对 ASK 调制信号进行解调。
程序：

```
LIBRARY IEEE;
USE IEEE.STD_LOGIC_ARITH.ALL;
USE IEEE.STD_LOGIC_1164.ALL;
USE IEEE.STD_LOGIC_UNSIGNED.ALL;
ENTITY PL_ASK2 IS
PORT(clk      :IN STD_LOGIC;        --系统时钟
     start    :IN STD_LOGIC;        --同步信号
     x        :IN STD_LOGIC;        --调制信号
     y        :OUT STD_LOGIC);      --基带信号
END PL_ASK2;
ARCHITECTURE behav OF PL_ASK2 IS
SIGNAL q:INTEGER RANGE 0 TO 11;     --计数器
SIGNAL xx:STD_LOGIC;                --寄存 x 信号
SIGNAL m:INTEGER RANGE 0 TO 5;      --计 xx 的脉冲数
BEGIN
PROCESS(clk)                        --对系统时钟进行 q 分频
BEGIN
IF clk'EVENT AND clk='1' THEN xx<=x;   --clk 上升沿时，把 x 信号赋给中间信号 xx
   IF start='0' THEN q<=0;              --if 语句完成 q 的循环计数
   ELSIF q=11 THEN q<=0;
   ELSE q<=q+1;
   END IF;
END IF;
END PROCESS;
PROCESS(xx,q)                       --此进程完成 ASK 解调
BEGIN
IF q=11 THEN m<=0;                  --m 计数器清零
```

```
ELSIF q=10 THEN
    IF m<=3 THEN y<='0';              --if 语句通过 m 的大小，来判决 y 输出的电平
    ELSE y<='1';
    END IF;
ELSIF xx'event AND xx='1'then m<=m+1;   --计 xx 信号的脉冲个数
END IF;
END PROCESS;
END behav;
```

ASK 解调程序仿真图如图 7-85 所示。

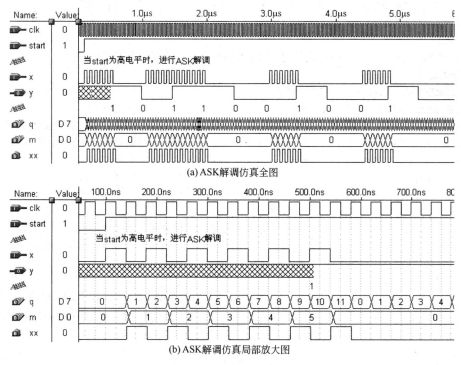

图 7-85　ASK 解调程序仿真图

注：1. 在 q=11 时，m 清零。
　　2. 在 q=10 时，根据 m 的大小，对输出基带信号 y 的电平进行判决。
　　3. 在 q 为其他时，m 计 xx（x 信号的寄存器）的脉冲数。
　　4. 输出的基带信号 y 滞后输入的调制信号 x 10 个 clk。

7.10　FSK 调制与解调 VHDL 程序及仿真

7.10.1　FSK 调制 VHDL 程序及仿真

基于 VHDL 硬件描述语言，对基带信号进行 FSK 调制。
程序：
```
LIBRARY IEEE;
USE IEEE.STD_LOGIC_ARITH.ALL;
```

```vhdl
USE IEEE.STD_LOGIC_1164.ALL;
USE IEEE.STD_LOGIC_UNSIGNED.ALL;
ENTITY PL_FSK IS
PORT(clk    :IN STD_LOGIC;              --系统时钟
     start  :IN STD_LOGIC;              --开始调制信号
     x      :IN STD_LOGIC;              --基带信号
     y      :OUT STD_LOGIC);            --调制信号
END PL_FSK;
ARCHITECTURE behav OF PL_FSK IS
SIGNAL q1:INTEGER RANGE 0 TO 11;        --载波信号 f1 的分频计数器
SIGNAL q2:INTEGER RANGE 0 TO 3;         --载波信号 f2 的分频计数器
SIGNAL f1,f2:STD_LOGIC;                 --载波信号 f1, f2
BEGIN
PROCESS(clk)          --此进程通过对系统时钟 clk 的分频, 得到载波 f1
BEGIN
IF clk'EVENT AND clk='1' THEN
    IF start='0' THEN q1<=0;
    ELSIF q1<=5 THEN f1<='1';q1<=q1+1;   --改变 q1 后面的数字可以改变载波 f1 的占空比
    ELSIF q1=11 THEN f1<='0';q1<=0;      --改变 q1 后面的数字可以改变载波 f1 的频率
    ELSE    f1<='0';q1<=q1+1;
    END IF;
END IF;
END PROCESS;
PROCESS(clk)          --此进程通过对系统时钟 clk 的分频, 得到载波 f2
BEGIN
IF clk'EVENT AND clk='1' THEN
    IF start='0' THEN q2<=0;
    ELSIF q2<=0 THEN f2<='1';q2<=q2+1;   --改变 q2 后面的数字可以改变载波 f2 的占空比
    ELSIF q2=1 THEN f2<='0';q2<=0;       --改变 q2 后面的数字可以改变载波 f2 的频率
    ELSE  f2<='0';q2<=q2+1;
    END IF;
END IF;
END PROCESS;
PROCESS(clk,x)        --此进程完成对基带信号的 FSK 调制
BEGIN
IF clk'EVENT AND clk='1' THEN
    IF x='0' THEN y<=f1; --当输入的基带信号 x=0 时, 输出的调制信号 y 为 f1
    ELSE y<=f2;          --当输入的基带信号 x=1 时, 输出的调制信号 y 为 f2
    END IF;
END IF;
END PROCESS;
END behav;
```

FSK 调制 VHDL 程序仿真图如图 7-86 所示。

7.10.2　FSK 解调方框图及电路符号

FSK 解调方框图如图 7-87 所示，FSK 解调电路符号如图 7-88 所示。说明：图中没有包含模拟电路部分，调制信号为数字信号形式。

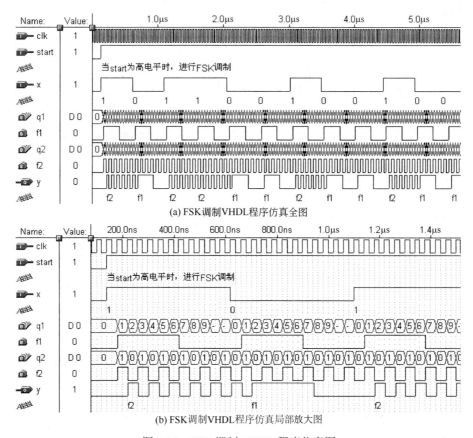

图 7-86 FSK 调制 VHDL 程序仿真图

注：1. 载波 f1、f2 分别是通过对 clk12 分频和 2 分频得到的。
2. 基带码长为载波 f1 的 2 个周期，为载波 f2 的 6 个周期。
3. 输出的调制信号 y 在时间上滞后于载波信号一个 clk，滞后于系统时钟 2 个 clk。

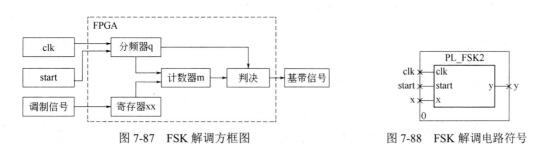

图 7-87 FSK 解调方框图　　　　　　图 7-88 FSK 解调电路符号

7.10.3　FSK 解调 VHDL 程序及仿真

基于 VHDL 硬件描述语言，对 FSK 调制信号进行解调。
程序：
```
LIBRARY IEEE;
USE IEEE.STD_LOGIC_ARITH.ALL;
USE IEEE.STD_LOGIC_1164.ALL;
USE IEEE.STD_LOGIC_UNSIGNED.ALL;
```

```vhdl
ENTITY PL_FSK2 IS
PORT(clk    :IN STD_LOGIC;           --系统时钟
     Start  :IN STD_LOGIC;           --同步信号
     X      :IN STD_LOGIC;           --调制信号
     Y      :OUT STD_LOGIC);         --基带信号
END PL_FSK2;
ARCHITECTURE behav OF PL_FSK2 IS
SIGNAL q:INTEGER RANGE 0 TO 11;      --分频计数器
SIGNAL xx:STD_LOGIC;                 --寄存器
SIGNAL m:INTEGER RANGE 0 TO 5;       --计数器
BEGIN
PROCESS(clk)                         --对系统时钟进行q分频
BEGIN
IF clk'EVENT AND clk='1' THEN xx<=x; --在clk信上升沿时,x信号对中间信号xx赋值
   IF start='0' THEN q<=0;           --if语句完成Q的循环计数
   ELSIF q=11 THEN q<=0;
   ELSE q<=q+1;
   END IF;
END IF;
END PROCESS;
PROCESS(xx,q)                        --此进程完成FSK解调
BEGIN
IF q=11 THEN m<=0;                   --m计数器清零
ELSIF q=10 THEN
   IF m<=3 THEN y<='0';              --if语句通过m的大小,来判决y输出的电平
   ELSE y<='1';
   END IF;
ELSIF xx'EVENT AND xx='1'then m<=m+1;--计xx信号的脉冲个数
END IF;
END PROCESS;
END BEHAV;
```

FSK解调VHDL程序仿真图如图7-89所示。

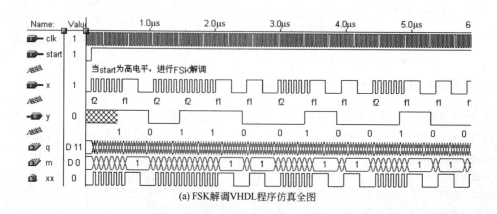

(a) FSK解调VHDL程序仿真全图

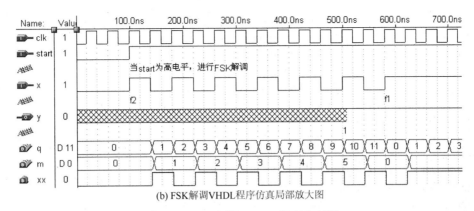

(b) FSK解调VHDL程序仿真局部放大图

图 7-89 FSK 解调 VHDL 程序仿真图

注：1. 在 q=11 时，m 清零。
　　2. 在 q=10 时，根据 m 的大小，对输出基带信号 y 的电平进行判决。
　　3. 在 q 为其他值时，计数器 m 计下 xx（寄存 x 信号）的脉冲数。
　　4. 输出信号 y 滞后输入信号 x 10 个 clk。

7.11　多功能波形发生器 VHDL 程序与仿真

　　本例实现了 4 种常见波形［正弦、三角、锯齿、方波（A、B）］的频率、幅度可控输出（方波 A 的占空比也是可控的），可以存储任意波形特征数据并能重现该波形，还可完成各种波形的线性叠加输出。

　　SSS（前三位）和 SW 信号控制 4 种常见波形中的哪种的波形输出。4 种波形的频率、幅度（基准幅度 A）的调节均是通过 up、down、set 按键和 4 个 BCD 码置入器以及一个置入挡位控制信号（ss）完成的（AMP 的调节范围是 0~5V，调节量阶为 1/51V）。其中方波的幅度还可通过 u0、d0 调节输出数据的归一化幅值（AMP0）进行进一步细调（调节量阶为 1/（51×255）V）。方波 A 的占空比通过 zu、zp 按键调节（调节量阶 $T/64$）。系统采用内部存储器——RAM 实现任意输入波形的存储，程序只支持键盘式波形特征参数置入存储，posting 为进入任意波置入（set）、清除（clr）状态控制信号，SSS 控制存储波形的输出，P180 为预留端口。

　　程序：

```
LIBRARY IEEE;
USE IEEE.STD_LOGIC_1164.ALL;
USE IEEE.STD_LOGIC_ARITH.ALL;
USE IEEE.STD_LOGIC_UNSIGNED.ALL;
ENTITY mine4 IS
PORT(clk : IN STD_LOGIC;                           --时钟信号输入
     set,clr,up,down,zu,zd : IN STD_LOGIC;         --各个波形特征的调节触发信号
     posting : IN STD_LOGIC;                       --任意波键盘置入信号
     u0,d0,sw : IN STD_LOGIC;                      --方波 A、B 的切换 sw，和方波 B 的幅度调节按键
     ss : IN STD_LOGIC_VECTOR( 3 DOWNTO 0 );       --挡位选择信号
     sss : IN STD_LOGIC_VECTOR( 4 DOWNTO 0 );      --波形选择信号
     Data3,Data2,Data1,Data0 : IN STD_LOGIC_VECTOR(3 DOWNTO 0); --BCD 码输入
     p180 : OUT STD_LOGIC;                         --预留接口
     lcd : OUT STD_LOGIC_VECTOR(7 DOWNTO 0);       --显示输出
```

```vhdl
          shift : OUT STD_LOGIC_VECTOR(3 DOWNTO 0);       --位码输出
          dd, a : OUT STD_LOGIC_VECTOR( 7 DOWNTO 0));     --波形、幅度数据输出
END mine4;
ARCHITECTURE behav OF mine4 IS
SUBTYPE word IS STD_LOGIC_VECTOR( 7 DOWNTO 0 );
TYPE   unit IS ARRAY(63 DOWNTO 0) OF word;
SIGNAL ram : UNIT;
SIGNAL qqq : INTEGER RANGE 0 TO 250000000;
SIGNAL qq : INTEGER RANGE 0 TO 78125000;
SIGNAL tmp : INTEGER RANGE 0 TO 9999;
SIGNAL coun : INTEGER RANGE 0 TO 78125000;
SIGNAL coun0 : INTEGER RANGE 0 TO 250000000;
SIGNAL b : INTEGER RANGE 0 TO 78125000;
SIGNAL c : INTEGER RANGE 0 TO 500000000;
SIGNAL z, con : INTEGER RANGE 0 TO 63;
SIGNAL f : STD_LOGIC_VECTOR( 7 DOWNTO 0 );
SIGNAL amp, amp0, d : STD_LOGIC_VECTOR(7 DOWNTO 0);
SIGNAL bcd0,bcd1,bcd2,bcd3 : INTEGER RANGE 0 TO 9;
SIGNAL bcd01,bcd11,bcd21,bcd31 : INTEGER RANGE 0 TO 9;
SIGNAL bcd00,bcd10,bcd20,bcd30 : INTEGER RANGE 0 TO 9;
SIGNAL y : INTEGER RANGE 0 TO 9;
SIGNAL addr : INTEGER RANGE 0 TO 63;
BEGIN
qq<=781250 WHEN ss="1000" ELSE
     7812500 WHEN ss="0100" ELSE
     78125000 WHEN ss="0010" ELSE
     78125;
--qq信号对应sw=0时的挡位选择信号ss，实现方波A和其他三种波形的频率预置
qqq<= 500000 WHEN ss="1000" ELSE
      5000000 WHEN ss="0100" ELSE
      50000000 WHEN ss="0010" ELSE
50000;
--qqq信号对应sw=1时的挡位选择信号ss，实现方波B的频率预置
PROCESS(clk)
--此进程分别描述了各种波形的频率、幅度（方波A的占空比）调节以及各种波形的任意线
--性叠加等
VARIABLE count4 : INTEGER RANGE 0 TO 6250000;
VARIABLE count : INTEGER RANGE 0 TO 78125000;
VARIABLE count3 : INTEGER RANGE 0 TO 250000000;
VARIABLE count1 : INTEGER RANGE 0 TO 12500000;
VARIABLE count0 : INTEGER RANGE 0 TO 3249999;
VARIABLE ddd : STD_LOGIC_VECTOR(9 DOWNTO 0);
VARIABLE dd0,dd1,dd2,dd3,dd4 : INTEGER RANGE 0 TO 255;
VARIABLE adr : INTEGER RANGE 0 TO 63;
BEGIN
IF RISING_EDGE(clk) THEN
    IF posting='1' THEN
     IF count4=6249999 THEN count4:=0;
adr:=CONV_INTEGER(Data3)*10+CONV_INTEGER(Data2);    --存储单位地址
```

```
            IF adr<64 THEN
               IF set='1' THEN ram(adr)<=CONV_STD_LOGIC_VECTOR((CONV_INTEGER(Data1)*10
+CONV_INTEGER(Data0))*2,8);          --对置入的任意波形数据进行储存
               ELSIF clr='1' THEN  adr:=0;      --存储器所有单元清零
                 FOR i IN 0 to 63 LOOP
                 ram(i)<=(OTHERS=>'0');
                 END LOOP;
               END IF;
            END IF;
          ELSE count4:=count4+1;
          END IF;
       ELSE
IF set='1' THEN coun<=0; b<=0; coun0<=0;c<=0;z<=31;amp0<="01111111"; addr<=0;
tmp<=CONV_INTEGER(Data3)*1000+CONV_INTEGER(Data2)*100
+CONV_INTEGER(Data1)*10+CONV_INTEGER(Data0);        --频率数据
       amp<="01111111";                             --幅值
       ELSE
          IF tmp>0 THEN
            IF sw='0' THEN
              IF coun<qq THEN coun<=coun+tmp; b<=b+1;     --频率到采样点间隔脉冲数转换
              ELSE
                IF count=b THEN count:=1;
                  IF f=63 THEN f<="00000000";
                  ELSE f<=f+1;
                  END IF;
                  IF sss="00010" THEN                --方波 A
                    IF con<=z then  dd<=amp0; con<=con+1;
                    ELSIF con=63 then con<=0; dd<="00000000";
                    ELSE con<=con+1; dd<="00000000";
                    END IF;
                  ELSIF sss="10000" THEN dd<=d;       --正弦波
                  ELSIF sss="00100" THEN dd<=f(5 DOWNTO 0)&"00";   --锯齿波
                  ELSIF sss="01000" THEN              --三角波
                    IF f>31 THEN dd<=("111111"-f(5 DOWNTO 0))&"00";
                    ELSE dd<=f(5 DOWNTO 0)&"00";
                    END IF;
                  ELSIF sss="00001" THEN              --任意波
                    IF addr<63 THEN dd<=ram(addr); addr<=addr+1;
                    ELSIF addr=63 THEN dd<=ram(63); addr<=0;
                    END IF;
                  ELSE                            --完成 5 种波形的线性叠加
                    IF sss(1)='1' then
                      IF con<=z THEN con<=con+1;
dd0:=CONV_INTEGER(amp0);                             --方波波形数据 dd0
                      ELSE con<=con+1; dd0:=0;
                      END IF;
                    END IF;
                    IF sss(4)='1' THEN dd1:=CONV_INTEGER(d);   --正弦波波形数据 dd1
                    END IF;
```

```
                    IF sss(2)='1' THEN dd2:=CONV_INTEGER(f(5 DOWNTO 0)&"00");
--锯齿波波形数据 dd2
                    END IF;
                    IF sss(3)='1' THEN
                      IF f>31 THEN dd3:=CONV_INTEGER(("111111"-f(5 DOWNTO 0))&"00");
                      ELSE dd3:=CONV_INTEGER(f(5 DOWNTO 0)&"00");
--三角波波形数据 dd3
                    END IF;
                    END IF;
                    IF sss(0)='1' THEN
                      IF addr<63 THEN dd4:=CONV_INTEGER(ram(addr)); addr<=addr+1;
                      ELSIF addr=63 THEN dd4:=CONV_INTEGER(ram(63)); addr<=0;
                      END IF;            --任意波波形数据 dd4
                    END IF;
                    ddd:=CONV_STD_LOGIC_VECTOR((dd0+dd1+dd2+dd3+dd4),10);
--波形线性叠加输出
                    dd<=ddd(9 DOWNTO 2);
                  END IF;
                ELSE count:=count+1;
                END IF;
              END IF;
            ELSE
              IF coun0<qqq THEN coun0<=coun0+tmp; c<=c+1;
              ELSE
                IF count3<=c/2 THEN count3:=count3+1; dd<=amp0;
                ELSIF count3=c THEN count3:=1;dd<="00000000";
                ELSE count3:=count3+1; dd<="00000000";
                END IF;
              END IF;
            END IF;
          END IF;
          IF count1=12499999 THEN count1:=0;          --调方波 A 的占空比
            IF zu='1' THEN
              IF z<63 THEN z<=z+1;
              ELSE z<=63;
              END IF;
            ELSIF zd='1' THEN
              IF z>0 THEN z<=z-1;
              ELSE z<=0;
              END IF;
            END IF;
          ELSE count1:=count1+1;
          END IF;
          IF count0=3249999 THEN count0:=0;
--up、down 对 4 种波形进行幅度调节, u0、d0 进一步对方波进行幅度调节
            IF u0='1' THEN
              IF amp0<"11111111" THEN amp0<=amp0+1;
              ELSE amp0<="11111111";
              END IF;
```

```
            ELSIF d0='1' THEN
               IF amp0>"00000000" THEN amp0<=amp0-1;
      ELSE amp0<="00000000";
              END IF;
            ELSIF up='1' THEN
               IF amp<"11111111" THEN amp<=amp+1;
               ELSE amp<="11111111";
               END IF;
            ELSIF down='1' THEN
               IF amp>"00000000" THEN amp<=amp-1;
               ELSE amp<="00000000";
               END IF;
            END IF;
         ELSE count0:=count0+1;
         END IF;
      END IF;
END IF;
END IF;
END PROCESS;
a<=amp;            --将幅值输出
cov_a:PROCESS(clk,amp,amp0)
--主要实现各波形幅度值到 BCD 码的转化,由于方波和其他三种波形的幅度调节方式、精度不同,因
此对幅度的处理方式分两种:"sss="00010" OR sw='1'"用于判断输出波形是否为方波(A 或 B),
bcd00,bcd10,bcd20,bcd30 是本进程的输出
VARIABLE count : INTEGER RANGE 0 TO 50004225;
VARIABLE counter : INTEGER RANGE 0 TO 500055;
VARIABLE count1,count0 : INTEGER RANGE 0 TO 4999999;
BEGIN
IF RISING_EDGE(clk) THEN
    IF sss="00010" OR sw='1' THEN count0:=0;            --方波
      IF count1=4999999 THEN count1:=0; bcd0<=0; bcd1<=0; bcd2<=0; bcd3<=0;
count:=(CONV_INTEGER(amp))*(CONV_INTEGER(amp0))*769;   --幅值运算
      ELSIF count1=4999900 THEN count1:=count1+1;
bcd00<=bcd0; bcd10<=bcd1; bcd20<=bcd2; bcd30<=bcd3;    --数据输出
      ELSE count1:=count1+1;     --二进制码到 BCD 码的数据转换
         IF count>9999999 THEN count:=count-10000000; bcd0<=bcd0+1;
         ELSIF count>999999 THEN count:=count-1000000; bcd1<=bcd1+1;
         ELSIF count>99999 THEN count:=count-100000; bcd2<=bcd2+1;
         ELSIF count>9999 THEN count:=count-10000; bcd3<=bcd3+1;
         ELSE NULL;
         END IF;
      END IF;
    ELSE count1:=0;               --正弦波、三角波、锯齿波
      IF count0=4999999 THEN counter:=CONV_INTEGER(amp)*1961;
count0:=0; bcd01<=0; bcd11<=0; bcd21<=0; bcd31<=0;
      ELSIF count0=4999000 THEN bcd00<=bcd01; bcd10<=bcd11; bcd20<=bcd21;
bcd30<=bcd31; count0:=count0+1;
      ELSE count0:=count0+1;
        IF counter>99999 THEN counter:=counter-100000; bcd01<=bcd01+1;
```

```vhdl
           ELSIF counter>9999 then counter:=counter-10000; bcd11<=bcd11+1;
           ELSIF counter>999 then counter:=counter-1000; bcd21<=bcd21+1;
           ELSIF counter>99 THEN counter:=counter-100; bcd31<=bcd31+1;
           ELSE NULL;
           END IF;
        END IF;
     END IF;
   END IF;
END PROCESS;

PROCESS(clk)              --输出波形幅度（峰-峰值）数据译码动态显示
VARIABLE count : INTEGER RANGE 0 TO 499999;
BEGIN
IF RISING_EDGE(clk) THEN
     IF   count<=124999   THEN   y<=bcd00;   count:=count+1;   shift<="0111";
lcd(0)<='0';
     ELSIF count<=249999 THEN y<=bcd10; count:=count+1; shift<="1011";lcd(0)<='1';
     ELSIF count<=374999 THEN y<=bcd20; count:=count+1; shift<="1101";lcd(0)<='1';
     ELSIF count<499999 THEN y<=bcd30; count:=count+1; shift<="1110";lcd(0)<='1';
     ELSIF count=499999 THEN y<=bcd30; count:=0; shift<="1110";lcd(0)<='1';
     END IF;
END IF;
CASE y IS          --7 段码译码
   WHEN 0 => lcd(7 DOWNTO 1)<="0000001";
   WHEN 1 => lcd(7 DOWNTO 1)<="1001111";
   WHEN 2 => lcd(7 DOWNTO 1)<="0010010";
   WHEN 3 => lcd(7 DOWNTO 1)<="0000110";
   WHEN 4 => lcd(7 DOWNTO 1)<="1001100";
   WHEN 5 => lcd(7 DOWNTO 1)<="0100100";
   WHEN 6 => lcd(7 DOWNTO 1)<="0100000";
   WHEN 7 => lcd(7 DOWNTO 1)<="0001111";
   WHEN 8 => lcd(7 DOWNTO 1)<="0000000";
   WHEN 9 => lcd(7 DOWNTO 1)<="0000100";
WHEN OTHERS => lcd(7 DOWNTO 1)<="0000001";
END CASE;
END PROCESS;

ym:PROCESS(clk)      --正弦波在一个周期内时域上的 64 个采样点的波形数据
BEGIN
IF RISING_EDGE(clk) THEN
CASE f IS
WHEN "00000000"=> d<="11111111"  ; WHEN "00000001"=> d<="11111110"  ;
WHEN "00000010"=> d<="11111100"  ; WHEN "00000011"=> d<="11111001"  ;
WHEN "00000100"=> d<="11110101"  ; WHEN "00000101"=> d<="11101111"  ;
WHEN "00000110"=> d<="11101001"  ; WHEN "00000111"=> d<="11100001"  ;
WHEN "00001000"=> d<="11011001"  ; WHEN "00001001"=> d<="11001111"  ;
WHEN "00001010"=> d<="11000101"  ; WHEN "00001011"=> d<="10111010"  ;
WHEN "00001100"=> d<="10101110"  ; WHEN "00001101"=> d<="10100010"  ;
WHEN "00001110"=> d<="10010110"  ; WHEN "00001111"=> d<="10001001"  ;
WHEN "00010000"=> d<="01111100"  ; WHEN "00010001"=> d<="01110000"  ;
WHEN "00010010"=> d<="01100011"  ; WHEN "00010011"=> d<="01010111"  ;
```

```
WHEN "00010100"=> d<="01001011"  ; WHEN "00010101"=> d<="01000000"  ;
WHEN "00010110"=> d<="00110101"  ; WHEN "00010111"=> d<="00101011"  ;
WHEN "00011000"=> d<="00100010"  ; WHEN "00011001"=> d<="00011010"  ;
WHEN "00011010"=> d<="00010011"  ; WHEN "00011011"=> d<="00001101"  ;
WHEN "00011100"=> d<="00001000"  ; WHEN "00011101"=> d<="00000100"  ;
WHEN "00011110"=> d<="00000001"  ; WHEN "00011111"=> d<="00000000"  ;
WHEN "00100000"=> d<="00000000"  ; WHEN "00100001"=> d<="00000001"  ;
WHEN "00100010"=> d<="00000100"  ; WHEN "00100011"=> d<="00001000"  ;
WHEN "00100100"=> d<="00001101"  ; WHEN "00100101"=> d<="00010011"  ;
WHEN "00100110"=> d<="00011010"  ; WHEN "00100111"=> d<="00100010"  ;
WHEN "00101000"=> d<="00101011"  ; WHEN "00101001"=> d<="00110101"  ;
WHEN "00101010"=> d<="01000000"  ; WHEN "00101011"=> d<="01001011"  ;
WHEN "00101100"=> d<="01010111"  ; WHEN "00101101"=> d<="01100011"  ;
WHEN "00101110"=> d<="01110000"  ; WHEN "00101111"=> d<="01111100"  ;
WHEN "00110000"=> d<="10001001"  ; WHEN "00110001"=> d<="10010110"  ;
WHEN "00110010"=> d<="10100010"  ; WHEN "00110011"=> d<="10101110"  ;
WHEN "00110100"=> d<="10111010"  ; WHEN "00110101"=> d<="11000101"  ;
WHEN "00110110"=> d<="11001111"  ; WHEN "00110111"=> d<="11011001"  ;
WHEN "00111000"=> d<="11100001"  ; WHEN "00111001"=> d<="11101001"  ;
WHEN "00111010"=> d<="11101111"  ; WHEN "00111011"=> d<="11110101"  ;
WHEN "00111100"=> d<="11111001"  ; WHEN "00111101"=> d<="11111100"  ;
WHEN "00111110"=> d<="11111110"  ; WHEN "00111111"=> d<="11111111"  ;
WHEN OTHERS=> NULL;
END CASE;
END IF;
END PROCESS;
p180<='1';
END behav;
```

多功能信号发生器的图形符号如图 7-90 所示。

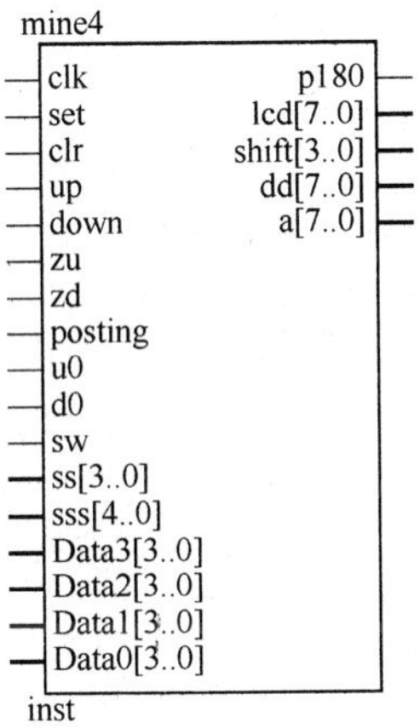

图 7-90 多功能信号发生器的图形符号

参 考 文 献

[1] 周淑阁，周莉莉. FPGA/CPLD 系统设计与应用开发[M]. 北京：电子工业出版社，2011.
[2] 王振红. 数字电路设计与应用实践教程[M]. 北京：机械工业出版社，2003.
[3] 周润景，苏良碧. 基于 Quartus Ⅱ的数字系统 Verilog HDL 设计实例详解[M]. 北京：电子工业出版社，2010.
[4] 阎石. 数字电子技术基础[M]. 第 5 版. 北京：高等教育出版社，2006.
[5] 潘松，等. EDA 技术实用教程[M]. 北京：科学出版社，2002.
[6] 徐志军，等. CPLD/FPGA 的开发与应用[M]. 北京：电子工业出版社，2002.
[7] 路而红. 电子设计自动化应用技术——FPGA 应用篇[M]. 北京：高等教育出版社，2009.
[8] 曾繁泰，陈美金. VHDL 程序设计[M]. 北京：清华大学出版社，2001.
[9] 侯佰亨，顾新. VHDL 硬件描述语言与数字逻辑电路设计[M]. 西安：西安电子科技大学出版社，1997.
[10] 李广军，孟宪元. 可编程 ASIC 设计及应用[M]. 成都：成都电子科技大学出版社，2000.